ZEITSCHRIFT FÜR ANGEWANDTE GEOLOGIE

9

BAND 36
SEPTEMBER 1990

ISSN 0044-2259
Z. angew. Geol., Berlin
36 (1990) 9, 321–360

**Herausgeber:
Gesellschaft für
Umwelt- und
Wirtschaftsgeologie
mbH Berlin i. G.**

AKADEMIE-VERLAG BERLIN

Zeitschrift für angewandte Geologie

BAND 36 **1990** **HEFT 9**

	INHALT	СОДЕРЖАНИЕ	CONTENTS

Zeitschrift für angewandte Geologie is indexed in Current Contents/PC & ES

Titelbild:
Säulig abgesonderter Basalt (Panská Skála) bei Kamenický Senov (ČSSR)
Aufnahme: D. KORICH, Greifswald

Die ZEITSCHRIFT FÜR ANGEWANDTE GEOLOGIE berichtet ständig über folgende Arbeitsgebiete: Geologische Grundlagenforschung und Lagerstättenforschung / Methodik der geologischen Erkundung / Ökonomie und Planung der geologischen Erkundung / Technik der geologischen Erkundung / Geologie und Lagerstättenkunde im Ausland. In der Zeitschrift können alle strittigen Fragen der praktischen Geologie behandelt werden. Die Autoren übernehmen für ihre Aufsätze die übliche Verantwortung.

ZEITSCHRIFT FÜR ANGEWANDTE GEOLOGIE

BAND 36 / 1990 / HEFT 9

Die montangeologische Altbergbauanalyse – eine Teilmethode der metallogenetischen Analyse

Thomas Seifert, Ludwig Baumann, Freiberg

Veröffentlichung Nr. 2485 der Sektion Geowissenschaften an der Bergakademie Freiberg

Einführung

Die Untersuchung und Auswertung von Altbergbaudaten wurde bereits um 1770 von v. Trebra zur Begründung der Aufwältigung von auflässigen Gruben bzw. zur Neuerschließung von angrenzenden Feldesteilen im ehemaligen Bergbaurevier Marienberg genutzt. Grundlage der Wiederbelebung des von 1750 bis 1765 bedeutungslos gewordenen Bergbaues von Marienberg (Finanzpolitik, Siebenjähriger Krieg, Türkenkriege) durch den neuen Bergmeister v. Trebra waren — neben der Einführung von modernen Abbau-, Förder-, Aufbereitungs- und Verhüttungsverfahren — eine zielgerichtete Recherche und Auswertung von Akten- und Rißmaterial des Altbergbaues sowie die Bemusterung von Altbergbauhalden und auflässigen Grubenbauen als Relikte eines zum damaligen Zeitpunkt bereits 250 Jahre andauernden Bergbaues (Bogsch 1933, 1966). Der Erfolg dieser Strategie wird an den sprunghaft steigenden Produktionszahlen von Ag- und Sn-Metall deutlich (z. B. Erhöhung der Ag-Produktion 1765 bis 1772 von 0,044 t auf 1 t Ag/a; nach Bogsch 1966).

Das Grubenfeld der auflässigen Grube „Zinnerne Flasche" in Pobershau bei Marienberg war von 1936 bis 1939 Ausgangspunkt für eine Neueinschätzung der Sn- und W-Vorräte.

Der ehemals bedeutende Sn-, Cu- und Ag-Bergbau (1520 bis 1870) im Gebiet Pobershau und Marienberg-Gebirge war Grundlage für eine relativ umfangreiche Altbergbaurecherche nach lagerstättengeologischen Gesichtspunkten. Ein wesentliches Ergebnis dieser Altbergbauanalyse ist eine Gangkarte, die als Grundvoraussetzung für geplante bergmännische Erkundungsarbeiten diente.

In der letzten Betriebsperiode des Bergbaues im Marienberger Revier (1947 bis 1958) war die Analyse des Altbergbaues (Akten- und Rißmaterial, Relikte des Bergbaues) die Grundlage für ein umfangreiches Haldenschurf- und Schurfschachtprogramm sowie eine gezielte Aufwältigung von auflässigen Stollen und Schächten durch die SDAG Wismut.

Im Rahmen neuerer metallogenetisch-lagerstättengeologischer Arbeiten der letzten 30 Jahre wurden Altbergbaudaten u. a. von Baumann (1958, 1965), Labich (1963), Tischendorf (1964), Kuschka (1970, 1972), Bolduan (1972), Ziehr (1981) und Lehrberger, Preinfalk & Morteani (1988) genutzt.

Eingang des Manuskripts in der Redaktion: 15. 11. 1989

Am Beispiel des E-Teils des Mittelerzgebirgischen Antiklinalbereiches (Altbergbaugebiet Marienberg—Pobershau) wird im folgenden die montangeologische Altbergbauanalyse (computergestützt) als eine Methode der metallogenetischen Analyse dargestellt.

Zur Methodik der Altbergbauanalyse

Erfassung von Altbergbaudaten aus Archivmaterialien und anderen Quellen

Quellen

Der überwiegende Teil der metallogenetisch relevanten Altbergbaudaten resultiert aus einer gezielten Datenrecherche und -erfassung aus Archivmaterialien (Akten und Rißwerk), betrieblichen Unterlagen (Berichte und Rißwerk), Veröffentlichungen und Qualifikationsarbeiten.

In Tab. 1 sind in Kurzform die wichtigsten Datenquellen und deren Standorte auf dem Territorium der DDR genannt.

Erfassung von Altbergbaudaten und Charakterisierung der montangeologischen Kriterien

Die computergestützte Erfassung der metallogenetisch relevanten Altbergbaudaten erfolgte in Form der Tabellen „Daten Gruben" (Tab. 2) und „Daten Gang" (Tab. 4). Das in diesem Zusammenhang in Kooperation mit Dr. Schlenker[1]) entwickelte Computer-Programm „Altbergbauanalyse" (dbase III) ermöglicht eine effektive Speicherung, Ergänzung, Darstellung, Recherche und Auswertung großer Datenmengen (z. B. Kombination mit dem Programm „Statgraph"). Im folgenden werden die computergestützte Datenerfassung und die entsprechenden montangeologischen Kriterien näher

[1]) Bergakademie Freiberg, Sektion Geowissenschaften

Tab. 1. Quellen der montangeologischen Altbergbauanalyse (Territorium der DDR)

Standort (Territorium der DDR)	Datenquellen	Kurzbezeichnung
	Archivmaterial	
Staatsarchive der DDR (einschließlich Außenstellen)	Grubenakten, Befahrungsberichte, Ausbeutebögen, Ausbringensextrakte, Gutachten, Berichte der Geologischen Landesuntersuchung (19. Jahrhundert)	I
	Revier-, Übersichts-, Gruben- und Spezialrisse, Profile, Stollnkarten, Meilenblätter	II
Bergsicherungsbetriebe (Leitbetrieb: VEB (B) Bergsicherung Schneeberg),	Bergschadenkundliche Analysen (Auftraggeber: Räte der Bezirke);	
Bergbehörden der Obersten Bergbehörde der DDR, Bergbaubetriebe bzw. Nachfolgebetriebe ehemaliger Bergbaubetriebe	Grubenrißwerk ehemaliger Bergbaubetriebe nach 1945; zentrale Erfassung von Altbergbaugebieten und Bergschadensstellen	III
Bibliotheken (Altbestand), Staatsarchive	Veröffentlichungen von 1770 bis 1930	IV
Universitäten u. a. Institutionen, Bergbaubetriebe	Qualifizierungsarbeiten ab ca. 1900	V
ehemalige Bergbaubetriebe nach 1945	lagerstättengeologische Berichte u. a. rohstoffspezifisches Material	VI

Tab. 2. Computergestützte Erfassung montangeologischer Altbergbaudaten mit Hilfe der Tabelle „Daten Gruben" (repräsentativ für einen Grubenbereich)[1]) — Beispiel —

Montangeologische Altbergbauanalyse — Daten Gruben —

1	Grubennummer:	22
⋮		
11	Ausbringen:	1575–1619: 0,5 t Ag; 1732–1733: 0,1 t Sn; 1767–1799: 24 t Sn
12	Einstellung Abbau:	sinkende Ag- und Sn-Preise; Kapitalmangel
13a	Mind. A/E-Teufe:	Molchner Stollnsohle (+553 m ü. NN)
13b	Max. A/E-Teufe:	Wildemann Stollnsohle (+528 m ü. NN)
14	Bemerkungen:	unter Niveau Wildemann Stollnsohle unverritzte Sn-Erzgänge
15	Petrotypen:	Muskovitgneis (engständig geschiefert), Marienberger Graugneis (grobflasrig)
16	NG-Tektonik:	vermutlich S_{k_1}: 300/10; 303/12
17	NG-Veränderungen:	häufig Haematitisierung im Bereich der Sn-Erzgänge
18	Mineralisation/Gangart:	Q, BA(R), FL, C
19	Mineralisation/Erzmineral:	KS, CY, AG, EB, PT

[1]) Erläuterung der Kriterien s. Tab. 3

Q – Quarz; BA(R) – Rotbaryt; FL – Fluorit; C – Calcit; KS – Kassiterit; CY – Chalkopyrit; AG – Argentit; EB – ged. Silber; PT – Proustit

charakterisiert. In Tab. 2 wird an einem Fallbeispiel die computergestützte Erfassung metallogenetisch relevanter Altbergbaudaten im Maßstab eines Grubenfeldes veranschaulicht. Die Auswahl der montangeologischen Kriterien erfolgt in Abhängigkeit von der spezifischen Aufgabenstellung (z. B. Rohstofftyp) und den zur Verfügung stehenden Quellen (Tab. 1 und 3). Die Charakterisierung der in Tab. 2 enthaltenen Kriterien erfolgt in Tab. 3.

Die Ermittlung von Altbergbaudaten im Bereich eines Grubenfeldes ist dann von besonderem Interesse, wenn keine Informationen mehr zur strukturell-stofflichen und zeitlichen Charakteristik konkreter Abbauobjekte zur Verfügung stehen.

Entsprechend der Tabelle „Daten Gruben" (Tab. 2) erfolgt die computergestützte Erfassung von Altbergbaudaten zur montangeologischen Charakterisierung von Mineralgängen u. a. Abbaugegenständen mit Hilfe der Tabelle „Daten Gang" (Tab. 4). Die nähere Kennzeichnung der in Tab. 4 vorgeschlagenen Kriterien enthält Tab. 5. Die Auswahl metallogenetisch relevanter Kriterien erfolgt dabei in Abhängigkeit von der Zielstellung und den zur Verfügung stehenden Datenquellen (Tab. 1 und 5).

Im E-Teil des Mittelerzgebirgischen Antiklinalbereiches konnte z. B. nachgewiesen werden, daß Mineralgänge z. T. im Bereich mehrerer Gruben abgebaut wurden. Die lagerstättengeologische Charakterisierung eines Mineralganges in verschiedenen Grubenbereichen kann somit eine wichtige Informationsquelle für strukturell-stoffliche Veränderungen bzw. Gesetzmäßigkeiten im räumlichen Verlauf des Ganges sein.

Dieser Sachverhalt sei am Beispiel des Bauer-Morgenganges (Lauta–Gehringswalde) näher erläutert. Dieser Gang ist mit einer streichenden Ausdehnung von ca. 8 km eines der bedeutendsten ENE–WSW-streichenden bruchtektonischen Elemente im E-Teil des Mittelerzgebirgischen Antiklinalbereiches. Im Bereich von Lauta wurde der Bauer-Morgengang im Grubenfeld der Bauer-Zeche und der Wasserloch-Fundgrube abgebaut. Der Gang ist im Bereich dieser Gruben durch Quarz-Polymetall-Mineralisationen, die eine ältere Kassiterit-Quarz-Mineralisation stark überprägt haben (reliktischer Kassiterit I), charakterisiert (→ Sn-Ausbringen!). In Zusammenhang mit jüngeren bruchtektonischen Reaktivierungsprozessen wurde die Gangstruktur noch durch Mineralisationen der BiCoNiAg-Assoziation ausgefüllt (→ Ag-Ausbringen!). Im Gegensatz dazu ist ca. 3 km westlich von Lauta auf dem gleichen Gang (hier als Kühler-Wein-Morgengang bezeichnet) im Grubenfeld der Lazarus- und Gottes-Vertrauen-Fundgrube (Gehringswalde) kein wesentlicher Bergbau umgegangen (aus Grubenrissen nur als nichtmineralisierte Störungszone bekannt). Darüber hinaus tritt hier — im Gegensatz zum E-Teil des Ganges — sporadisch die karbonatische Polymetall-Ag–Sb-Assoziation in Erscheinung. Diese Aussagen konnten durch Neudokumentation von Altbergbauhalden bestätigt werden.

Erfassung und Bewertung von metallogenetisch relevanten Daten durch Neudokumentation

Die Neudokumentation von über- und untertägigen Relikten des Altbergbaues und die Probenerfassung in Reviersammlungen bzw. lokalen Sammlungen (z. B. Museen) ist eine wichtige Arbeitsetappe bei der beschriebenen Auswertung von Archivmaterial. Damit werden die Repräsentanz und der Wahrheitsgehalt der metallogenetisch relevanten Altbergbaudaten wesentlich erhöht und die Voraussetzung für zielgerichtete, vorwiegend stoffliche Untersuchungsarbeiten geschaffen.

Übertägige Relikte des Altbergbaues

Die Neudokumentation, einschließlich der Überprüfung von Archivdaten, sollte auf Grund des geringen materiell-technischen Aufwandes mit einer Bemusterung von übertägigen Relikten des Altbergbaues beginnen. Im Ergebnis umfang-

Tab. 3. Kurzcharakteristik montangeologischer Kriterien, die für einen Grubenbereich repräsentativ sind (s. Tab. 2)

Lfd. Nr. Tab. 2	Kriterium	Quelle (s. Tab. 1)[2])	Kurzcharakteristik	Hinweise, Fehlermöglichkeiten
1	Grubennummer[1])		fortlaufende Nummerierung der Gruben (Zuordnung der Abbaugegenstände)	
11	Ausbringen	I, IV, VI	Menge an ausgebrachten Nutzelementen und/oder -mineralen (in t) bzw. Menge an gefördertem Erz (in t) mit Zeitangabe, indirekte Informationen durch Angabe der zur Grube gehörenden Pochwerke, Erzwäschen und Hütten	Gewichts- und Mengenmaße z. T. zeit- und revierabhängig (Umrechnung in das Dezimalsystem, NICKERL 1966), Wertung der Daten in Abhängigkeit von der Entwicklung der Produktivkräfte
12	Einstellung Abbau	I, IV	Ursachen für die Einstellung des Abbaues oder der Erkundungsarbeiten (mit Zeitangabe); mögliche Ursachen: Nichtbeherrschung der Grubenwässer, sinkende Rohstoffpreise, Kapitalmangel, „Vertaubung" des Abbauobjektes, Stadtbrände, Kriege, Handelsbeschränkungen u. a.	relativ hoher Wahrheitsgehalt in Akten des ehemaligen Oberbergamtes bzw. ehemaliger Bergamtsreviere
13a	Mind. A/E-Teufe	II, III, I, IV	Mindestteufe des Abbaues und/oder von Erkundungsarbeiten im gesamten Grubenfeld	Angabe der Teufe vor ca. 1800 meist als flache Teufe
13b	Max. A/E-Teufe	wie 13a	maximale Teufe des Abbaues und/oder von Erkundungsarbeiten im gesamten Grubenfeld	s. 13a
14	Bemerkungen	wie 13a	Mineralisationstypen, Ganggesteine, relative Altersverhältnisse im gesamten Grubenfeld (sehr wichtig, wenn keine Informationen zu konkreten Abbaugegenständen vorhanden sind); horizontale Auffahrungen; Aussagen zu Vorräten	
18	Mineralisation/Gangart	V, IV, VI	Gangart-Minerale im Bereich des Grubenfeldes (ohne Bezug zu konkretem Abbaugegenstand)	Abkürzung nach TGL;
19	Mineralisation/Erzminerale	wie 18	Erzminerale (s. 18)	Überprüfung an Halden- und Sammlungsmaterial notwendig

[1]) wichtig für computergestützte Datenrecherche
[2]) Quellen nach der Bedeutung gewichtet (Beispiel-Untersuchungsgebiet)

Tab. 4. Computergestützte Erfassung montangeologischer Altbergbaudaten mit Hilfe der Tabelle „Daten Gang" (repräsentativ für einen Abbaugegenstand[1]), — Beispiel —

Montangeologische Altbergbauanalyse — Daten Gang —

1	Grubennummer: 22	
2a	Abbaugegenstand 1:	Hoffnung Morgengang
2b	Abbaugegenstand 2:	Rose Morgengang
3a	Mind. A/E-Teufe:	—
3b	Max. A/E-Teufe:	Wildemann Stollnsohle (+528 m ü. NN)
4	Morphologischer Typ:	kompakter Gang
5a	Streichen:	85°
5b	Einfallen:	65°/N
6a	Mächtigkeit:	0,3 m
6b	horizontale Ausdehnung:	300 m
7	FREIESLEBEN (1843):	Pobershauer Formation
8	Mineral-Assoziation:	Sn—W-Assoziation
9a	Mineralisation/Gangart:	Q, F, FL, BA(R)
9b	Mineralisation/Erzmineral:	KS, AY, AG, PT
10	Bemerkungen	

[1]) Erläuterung der Kriterien s. Tab. 5

Q — Quarz; F — Feldspat; FL — Fluorit; BA(R) — Rotbaryt; KS — Kassiterit; AY — Arsenopyrit; AG — Argentit; PT — Proustit

reicher Geländearbeiten hat sich in diesem Zusammenhang die kartenmäßige Darstellung der Aufschlußpunkte mit Hilfe des markscheiderischen Rißwerkes im Maßstab 1:10000 (Darstellung der Lage von Halden, Pingen, Schächten, Stollenmundlöchern) bewährt.

Am Beispiel des Altbergbaugebietes Marienberg—Pobershau sind im folgenden die wichtigsten übertägigen Altbergbaurelikte für eine metallogenetische Analyse genannt:

I. Altbergbauhalden[2])

I. A. Halden, die einem konkreten Abbaugegenstand zugeordnet werden können

— Das Haldenmaterial kann einem ± horizontal und vertikal definierten Bereich zugeordnet werden (Auswertung von Rißmaterial);
— Aussagen zur Hauptstreichrichtung, horizontalen Ausdehnung, Mindestmächtigkeit und zur stofflich-zeitlichen Charakterisierung von Mineralgängen können getroffen werden.

I. B. Halden, die einem definierten, relativ eng begrenzten Bereich bergmännischer Auffahrungen (ohne eindeutigen Bezug zu einem Abbaugegenstand) zugeordnet werden können

— Das Haldenmaterial entspricht einem vertikal und horizontal gut definierten Bereich (Auswertung von Rißmaterial);
— nur für den Handstückbereich sind repräsentative Aussagen zur stofflich-(strukturellen) Charakteristik von Mineralgängen möglich. Eine Recherche in Archivquellen ist Voraussetzung für die Rekonstruktion der räumlichen Position der Mineralisationen.

I. C. Halden, die ein weit ausgedehntes Grubengebäude repräsentieren

— Das Haldenmaterial kann keinem konkreten Abbaugegenstand zugeordnet werden. Durch Auswertung des Rißmaterials können repräsentative Bereiche erfaßt werden;
— im Ergebnis der Haldendokumentation sind Informationen zur stofflichen Charakteristik der Mineralisationen eines definierten Gebietes möglich. Darüber hinaus können Aussagen zur Mindestmächtigkeit, Ausbildung und zu relativen Altersbeziehungen der Mineralgänge getroffen werden.

I. D. Halden des ehemaligen Bergbaues der SDAG Wismut

— Das Haldenmaterial kann keinem konkreten Abbauobjekt zugeordnet werden;
— die Rekonstruktion der räumlichen Position des Haldenmaterials wird im Vergleich zu den Gruben des älteren Bergbaues durch eine große vertikale und horizontale Ausdehnung der Grubenfelder erschwert;
— unter Einbeziehung des vorhandenen Rißmaterials können die unter Pkt. I.C. genannten lagerstättengeologischen Daten erarbeitet werden.

II. Altbergbau-Pingen

II. A. Pingen auf bevorzugt zweidimensionalen Abbauhohlräumen

— die Rekonstruktion der Hauptstreichrichtung (z. T. Einfallwinkel), der horizontalen Ausdehnung und z. T. die Dokumentation des Anstehenden eines Ganges ist möglich;
— in Gebieten ohne rißkundigen Bergbau häufig die einzigen Informationsquellen.

II. B. Pingen auf dreidimensionalen Abbauhohlräumen

— Vorrangig an den Abbau großdimensionaler Erzkörper (z. B. Abbau von Greisenkörpern) gebunden;
— infolge eines meist guten Aufschlußgrades können metallogenetisch relevante Daten gewonnen werden.

II. C. Tagesbrüche auf Schächten und Stollen

— Diese Relikte untertägiger Auffahrungen sind von besonderem Interesse, wenn kein rißkundiger Bergbau bekannt ist.

[2]) geordnet nach Informationsgehalt

Tab. 5. Kurzcharakteristik montangeologischer Kriterien, die für den Bereich eines Abbaugegenstandes repräsentativ sind (s. Tab. 4)

Lfd. Nr. Tab. 4	Kriterium	Quelle (s. Tab. 1)[2])	Kurzcharakteristik	Hinweise, Fehlermöglichkeiten
1	Grubennummer[1])		Zuordnung zur entsprechenden Grube	Überprüfung mit Rißwerk notwendig
2	Abbaugegenstand 1	II, III, I, IV	Hauptbezeichnung des Abbaugegenstandes	
3a	mind. A/E-Teufe	II, III, I, IV, VI	Mindestteufe von Abbau und/oder Erkundung	Angabe der Teufe vor ca. 1800 häufig als flache Teufe
3b	max. A/E-Teufe	wie 3a	maximale Abbau- und/oder Erkundungsteufe	s. Kriterium 3a
4	morphologischer Typ	IV, V, VI, I	morphologische Typen des Abbaugegenstandes (vereinfacht): 1. kompakte Gänge 2. trümerartige Greisenzonen 3. lagerförmige Erzkörper (Magnetit-Skarn-Körper)	Überprüfung an Halden- und Sammlungsmaterial notwendig
5a	Streichen	II, III, IV, VI, V	Streichrichtung (in Altgrad)	Korrektur der Deklinationsverschiebung (KNOTHE 1988)
5b	Einfallen	wie 5a	Fallrichtung/Fallwinkel (in Altgrad)	s. Kriterium 5a
6a	Mächtigkeit	IV, VI, I, III	maximale bekannte Mächtigkeit (in m)	alte Längenmaße z. T. zeit- und revierabhängig (NICKERL 1966)
6b	horizontale Ausdehnung	II, III, IV, I	horizontale Ausdehnung (streichende Erstreckung)	s. Kriterium 2b
7	FREIESLEBEN (1843)[3])	IV	Hauptformation nach FREIESLEBEN (1843, 1845) (Primärdaten); moderne Interpretation nach BAUMANN (1981) (s. Pkt. 8 und Tab. 6)	
8	Mineral-Assoziation	IV, V, VI, I	Mineral-Assoziationen nach BAUMANN (1981) unter Einbeziehung aller Quellen sowie Halden- und Sammlungsmaterial	
9a	Mineralisation/Gangart	wie 8		
9b	Mineralisation/Erzminerale	wie 8		s. Tab. 3 Kriterien 18 und 19
10	Bemerkungen	IV, V, VI, I, II	weitere Daten zur Raum-Struktur-Stoff-Zeit-Analyse des Abbaugegenstandes (Gangausbildung, Nebengesteinsveränderung, relative Altersverhältnisse, lokal erzkontrollierende Faktoren, erkundete bzw. zu erwartende Vorräte, Gehalte)	

[1]) wichtig für computergestützte Datenrecherche
[2]) Quellen nach der Bedeutung gewichtet
[3]) nur für den Raum Erzgebirge-Vogtland zutreffend (FREIESLEBEN 1843, 1845)

Untertägige Relikte des Altbergbaues

Die geologische Dokumentation von noch befahrbaren, auflässigen Grubenbauen des Altbergbaues ermöglicht mit relativ geringem finanziell-technischen Aufwand die Überprüfung von Archivquellen sowie die Schaffung wichtiger metallogenetischer Daten[3]).

Die damit verbundene Probenahme ist häufig noch die einzige Möglichkeit, räumlich definierte Proben zu erhalten; des weiteren erleichtert sie die Zuordnung von Haldenmaterial. Eine effektive geologische Dokumentation ist nur auf der Grundlage eines genauen Studiums des vorhandenen Archivmaterials möglich.

Voraussetzungen und Grenzen der Altbergbauanalyse

Die montangeologische Altbergbauanalyse als wichtige Arbeitsetappe der metallogenetischen Analyse

Die montangeologische Altbergbauanalyse als eine Methode im Prozeß metallogenetischer Untersuchungsarbeiten ermöglicht mit einem relativ geringen Aufwand an technisch-finanziellen Mitteln und Arbeitskräften die Schaffung metallogenetisch relevanter Daten. In Abhängigkeit vom Untersuchungsgebiet ist die Analyse des Altbergbaues oft die einzige Möglichkeit, um mit einem ökonomisch vertretbaren Aufwand erste Aussagen zur strukturell-stofflichen Charakteristik von Mineralisationen zu treffen. Sie ist damit wichtige Grundlage für die Festlegung von Suchstrategien.

Die montangeologische Altbergbauanalyse ist daher unter folgenden Bedingungen ein obligatorischer Arbeitsschritt im Prozeß der Höffigkeitseinschätzung:

a) Aufgabenstellung: Metallogenetische Charakterisierung eines Gebietes, dessen geologischer Aufbau oberflächennahe bzw. ausstreichende Mineralisationen — als Voraussetzung für intensiven Altbergbau — wahrscheinlich macht (Grundgebirgsstockwerk, z. B. Fichtelgebirgisch-Erzgebirgische Antiklinalzone mit Sn, Polymetallen, Spat; Molassestockwerk, z. B. Zwickau-Oelsnitzer Becken mit Steinkohle; Tafeldeckgebirge, z. B. Mansfelder und Sangerhäuser Mulde mit Cu-Lagerstätten im Beckenrandbereich).

b) Eine detaillierte Analyse des Altbergbaues ist dann wichtig, wenn im Untersuchungsgebiet keine ausgedehnten Lagerstätten nachgewiesen wurden bzw. keine größeren Bergbaubetriebe tätig gewesen sind (geringer Kenntnisstand der metallogenetischen Situation).

c) Die Bedeutung der montangeologischen Altbergbauanalyse für die Bestimmung der Teufenperspektivität und der horizontalen Ausdehnung von Mineralgängen bzw. anderen Rohstoffkörpern erhöht sich, wenn durch ein detailliertes Studium von Archivquellen der Nachweis erbracht werden kann, daß die Stillegung von Grubenbetrieben bzw. ganzen Bergbaurevieren nicht mit dem vollständigen Abbau oder der Nichtbauwürdigkeit[4]) der Rohstoffkonzentration im Zusammenhang steht (Tab. 3, Kriterium 12).

Einflüsse auf die Aussagekraft der Altbergbauanalyse und ihre objektiv bedingten Grenzen

Die Aussagekraft bzw. Repräsentanz der montangeologischen Altbergbauanalyse und damit ihr Nutzen für eine metallogenetische Analyse werden vorwiegend von folgenden Faktoren beeinflußt:

1. Neben der Existenz von über- und untertägigen Relikten des Altbergbaues ist das verfügbare Archivmaterial eine Grundvoraussetzung für die Erarbeitung metallogenetisch relevanter Daten. Erfahrungsgemäß hängt die Qualität und Quantität des Archivmaterials häufig von der ehemaligen montangeologischen Bedeutung eines Gebietes ab. Während z. B. bedeutende Bergbaugebiete von Bergamtrevieren verwaltet wurden (zentrale und vollständige Erfassung von Gruben-, Aufbereitungs- und Hüttenakten sowie Rißwerk), erfolgte die Verwaltung kleiner bzw. unbedeutender Bergbaugebiete z. B. im Erzgebirge in Form von sog. „Vasallenrevieren" (z. B. Seiffener Vasallenrevier mit unvollständigem Archivmaterial).

2. Der Bergbau vor 1500 ist im heutigen S-Teil der DDR infolge fehlender Verordnungen über die Dokumentationspflicht von Schürf-, Gewinnungs-, Aufbereitungs- und Verhüttungsarbeiten nur selten belegbar. In diesem Zusammenhang muß berücksichtigt werden, daß über- und untertägige Relikte des Altbergbaues vor 1500 nur sporadisch erhalten bzw. auf Grund fehlender Grubenrisse häufig nicht mehr lokalisierbar sind.

3. Die Analyse der Entwicklung der Produktivkräfte (Abbau-, Förder-, Aufbereitungs- und Verhüttungsverfahren) sowie der Bergbaugeschichte ist Voraussetzung für eine objektive Bewertung der metallogenetisch relevanten Altbergbaudaten.

Dieser Zusammenhang soll am Beispiel des ehemaligen Marienberger Bergamtreviers veranschaulicht werden.

Beim größten Brand in der Stadtgeschichte von Marienberg wurden 1610 vermutlich alle amtlichen Nachweise über das Sn-Ausbringen im ehemaligen Bergbaurevier Marienberg vernichtet (BOGSCH 1966). Um 1760 hatte der Marienberger Bergbau einen Tiefpunkt erreicht. Eine nachteilige Steuerpolitik sowie Auswirkungen der Türkenkriege und des Siebenjährigen Krieges waren Ursache für den Verfall zahlreicher Gruben, Pochwerke, Hütten und Kunstgräben (BOGSCH 1966). Das Sn-Ausbringen einer Grube im 16. Jahrhundert muß z. B. im Vergleich zum 18. Jahrhundert bei etwa gleichen Mengen an gewonnenem Sn-Metall auf Grund einer Weiterentwicklung der Aufbereitungs- und Verhüttungsverfahren entsprechend bewertet werden. Mit der Einführung des sog. „ungarischen Schnellstoßherdes" erhöhte sich ab 1767 das Sn-Ausbringen der Pobershauer und Marienberger Gruben wesentlich (BOGSCH 1966).

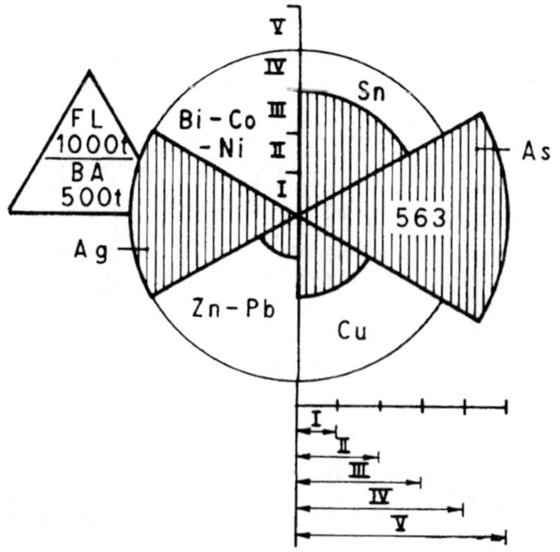

Abb. 1. Metallogenetisch relevante Nutzelemente und -minerale auf der Grundlage des Ausbringens auflässiger Gruben (quantitative Wichtung) am Beispiel des E-Teiles des Mittelerzgebirgischen Antiklinalbereiches

Beispiel zur Erläuterung der Kreisdiagramme „Elementverteilung" (Abb. 2): Elementausbringen (Sn, As, Cu, Zn—Pb, Ag, Bi—Co—Ni) und/oder Spatausbringen (FL — Fluorit; BA — Baryt) in t:

I 0,001—0,1
II > 1,0— 10,0
III > 10,0— 50,0
IV > 50,0—200,0
V > 200,0— (mit Zahlenangabe in t)

[3]) dazu ist die Genehmigung der zuständigen Bergbehörde erforderlich
[4]) wesentlich vom Entwicklungsstand der Produktivkräfte abhängig

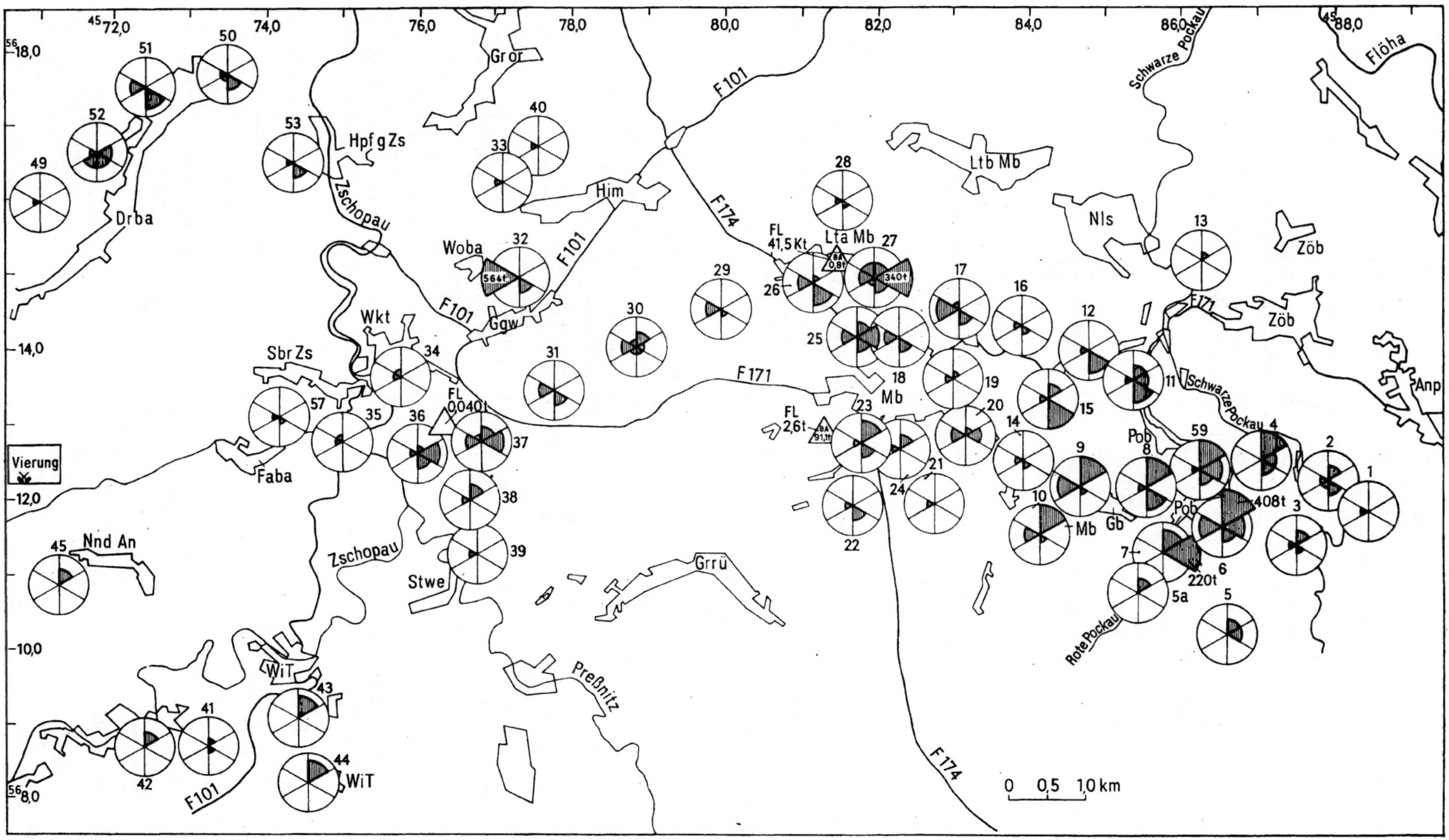

Abb. 2. Karte der regionalen Elementverteilung im E-Teil des Mittelerzgebirgischen Antiklinalbereiches auf der Grundlage des Ausbringens auflässiger Gruben (Legende s. Abb. 1)

Anp – Ansprung, Zöb – Zöblitz, Pob – Pobershau, Ritb – Rittersberg, Nls – Niederlauterstein, LtbMb – Lauterbach, Gb – Marienberg-Gebirge, Mb – Marienberg, LtaMb – Lauta, Grrü – Großrückerswalde, Him – Hilmersdorf, Gror – Großolbersdorf, Woba – Warmbad, Ggw – Gehringswalde, Wkt – Wolkenstein, HpfgZs – Hopfgarten, Drba – Drebach, SbrZs – Schönbrunn, NndAn – Neundorf, Faba – Falkenbach, WisAn – Wiesa, WiT – Wiesenbad

4. Einfluß auf die Bewertung von metallogenetisch relevanten Altbergbaudaten hatte vor 1850 das natürliche Relief. Von der Morphologie eines Gebietes hingen in starkem Maße eine ökonomische Wasserhaltung (natürliche Entwässerung, Verfügbarkeit von Wasserenergie) sowie die Förderung und Aufbereitung der Erze (Wasserenergie bzw. Wasser für die Erzaufbereitung) ab.
Die Erosionstäler der Roten und der Schwarzen Pockau (Pobershau) waren Ausgangspunkt für die Auffahrung der bedeutenden Entwässerungsstolln (Molchner-, Wildemann- und Tiefer Weißtraubner-Stolln) und somit Voraussetzung für den umfangreichen Ag-, Sn- und Cu-Bergbau im Gebiet Pobershau—Marienberg nach der Gewinnung der oberflächennahen Erzkörper (ab 1560). Der wichtigste Entwässerungsstolln im W-Teil des ehemaligen Marienberger Bergamtreviers im Gebiet Gehringswalde (16. bis 19. Jahrhundert) war der Neuglücker-Stolln (Entwässerung im Niveau der Zschopau).
Demgegenüber ist z. B. das Gebiet Reitzenhain—Rübenau durch eine für den früheren Bergbau ungünstige morphologische Situation gekennzeichnet (natürliche Entwässerung, Wasserangebot). Das dokumentiert sich in wesentlich geringeren Abbauteufen des dortigen Erzbergbaues. Der erläuterte Sachverhalt muß im Zusammenhang mit der Interpretation quantitativer Angaben an ausgebrachten Nutzelementen und geringen Abbauteufen Berücksichtigung finden (z. B. ist keine Aussage zur Teufenreichweite der Mineralisationen möglich).

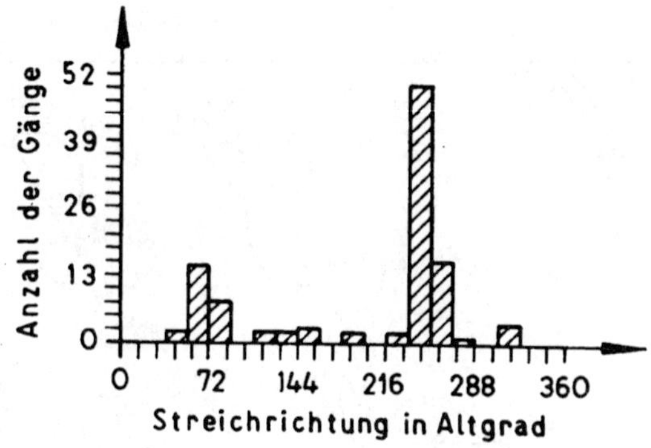

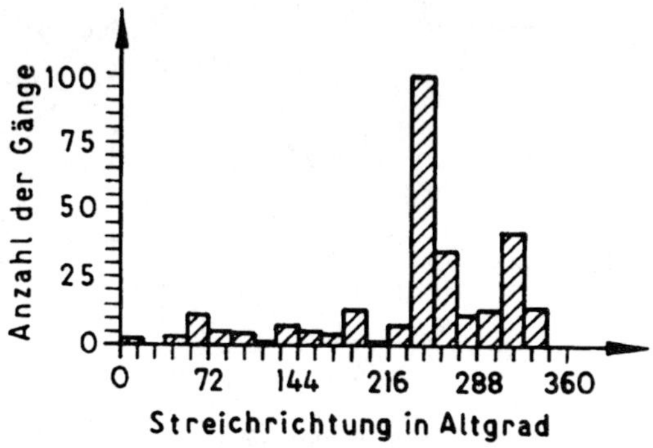

Abb. 3a. Zusammenhang von Bruchtektonik (Streichrichtung) und Mineralisation der Sn—W-Assoziation (Pobershauer Formation) im E-Teil des Mittelerzgebirgischen Antiklinalbereiches (computergestützte Auswertung)
Abb. 3b. Zusammenhang von Bruchtektonik (Streichrichtung) und hydrothermalen Mineralisationen (Annaberger Formation, s. Tab. 6) im E-Teil des Mittelerzgebirgischen Antiklinalbereiches (computergestützte Auswertung)

Ergebnisse der Altbergbauanalyse

Mit Hilfe der montangeologischen Altbergbauanalyse können wichtige metallogenetische Daten erarbeitet werden, die als gruben- und gangspezifische Fakten sowie in Form zusammenfassender Auswertungen (Karten, Diagramme) eine wesentliche Grundlage der metallogenetischen Charakteristik sind.

1. Die systematische Erfassung und Darstellung montangeologischer Altbergbaudaten auf der Basis computergestützter Datenbanken (Tab. 2 und 4) ist eine erste Teilauswertung von Primärdaten aus Archivmaterial (erzkontrollierende Faktoren, noch vorhandene Vorräte) und Voraussetzung für die Auswertung metallogenetisch relevanter Daten in Form von Karten (Pkt. 2) und Diagrammen (Pkt. 4).
2. Daten des Ausbringens von Nutzelementen bzw. Nutzmineralen auflässiger Gruben (Tab. 2, Kriterium „Ausbringen") sind Grundlage für erste Aussagen zur regionalen/lokalen Elementverteilung. Metallogenetisch relevante Nutzelemente und -minerale (= Ausbringen) werden als Kreissegmentdiagramme unter Berücksichtigung quantitativer Angaben des Ausbringens dargestellt (Abb. 1).
Die zusammenfassende Auswertung der mit Hilfe des Kriteriums „Ausbringen" (Tab. 2) erfaßten und in Form von Kreissegmentdiagrammen dargestellten Daten erfolgt in Karten der „Regionalen Elementverteilung" (Abb. 2).
Eine derartige Faktenkarte der räumlichen Verteilung metallogenetisch relevanter Nutzelemente und/oder -minerale (Abb. 2) ist in Gebieten mit einem geringen Kenntnisstand eine wichtige Voraussetzung für die Festlegung weiterer Suchstrategien (z. B. Abgrenzung eines Gebietes für pedogeochemische Oberflächenprospektion). In diesem Zusammenhang sollte auch eine Gangkarte auf der Basis alter Grubenrisse erarbeitet und damit die strukturelle Kontrolle der Mineralisationen und ihre mögliche horizontale Fortsetzung erfaßt werden.
3. Der Informationsgehalt der in Abb. 2 dargestellten Faktenkarte wird durch eine gezielte Recherche der Entwicklung der Produktivkräfte (Aufbereitungs- und Verhüttungstechnologien) und Auswertung mineralisationsbezogener Altbergbaudaten (Tab. 2 und 4) weiter erhöht, indem ein Zusammenhang

Tab. 6. Zusammenhang des Ausbringens auflässiger Gruben (I) und Mineralassoziationen (III) bzw. Formationen (II) am Beispiel des E-Teiles des Mittelerzgebirgischen Antiklinalbereiches

ausgebrachte Elemente und/oder Nutzminerale (s. Abb. 3) I	**Formationen nach Freiesleben (1843, 1845)** (s. Abb. 4) II	Mineral-Assoziationen (vorwiegend nach Baumann 1981) III
Sn, (As)	Pobershauer Formation	Sn—(W-) Assoziation (ks-q-top-Typ)
Sn, (Cu)	Seiffener Formation	Sn—(W-) Assoziation (ks-sf-Typ)
As, (Au)	Thalheimer Formation	Quarz-Polymetall-Assoziation (Pyritische Abfolge)
(Sn?), Cu, Zn, (Ag)[1]	Annaberger Formation	Quarz-Polymetall-Assoziation (Zn—Sn—Cu-Abfolge)
Cu, (Ag)[1]	Freiberger Formation	Quarz-Polymetall-Assoziation (Cu-betont)
Pb	Annaberger Formation	Quarz-Polymetall-Assoziation (Pb-Abfolge)
Fluorit	Annaberger Formation	Fluorit-Quarz-Folgengruppe[2]), Fluorit-Baryt-Assoziation (Fluorit-Baryt-Abfolge)
Baryt	Annaberger Formation	Quarzige Eisen-Baryt-Assoziation, Fluorit-Baryt-Assoziation (Baryt-Quarz-Abfolge)
Bi, Co, Ni, U	Annaberger Formation	Bi—Co—Ni—As—Ag—(U-) Assoziation (Arsenidische Co—Ni-Abfolge)
Ag	Annaberger Formation	Bi—Co—Ni—As—Ag—(U-) Assoziation (Silber-Sulfid-Abfolge)

[1]) Ag als „Nebenprodukt" der Cu-Erzverhüttung
[2]) nach KUSCHKA (1972)

von Element- oder Nutzmineralausbringen mit den entsprechenden Mineralassoziationen hergestellt wird (Tab. 6).

4. Im Ergebnis der computergestützten Auswertung von metallogenetisch relevanten Altbergbaudaten konnten Beziehungen zwischen Bruchtektonik (Tab. 4, Kriterien 5a, 5b) und Mineralisationen (Tab. 4, Kriterien 7 und 8) nachgewiesen werden. Als Fallbeispiel soll hier die strukturelle Bindung (ENE—WSW-Streichrichtung) von Mineralisationen der Sn—W-Assoziation (nach FREIESLEBEN (1843): Pobershauer Formation; s. Tab. 6) im Gebiet Pobershau—Marienberg—Wolkenstein genannt werden (Abb. 3). Darüber hinaus ist im Ergebnis der computergestützten Auswertung eine mehrmalige bruchtektonische Reaktivierung dieser Strukturelemente in Verbindung mit Mineralisationen der Quarz-Polymetall-, Uran-Quarz-Karbonat-, Fluorit-Quarz-, Eisen-Baryt-, Fluorit-Baryt- und BiCoNiAg-Assoziation (nach FREIESLEBEN (1843, 1845): Annaberger Formation; s. Tab. 6) belegbar (Abb. 3b).

Zusammenfassung

Die computergestützte montangeologische Altbergbauanalyse ist im Rahmen metallogenetischer Untersuchungsarbeiten ein wesentlicher Arbeitsschritt und liefert wichtige Hinweise zur strukturellen, stofflichen und zeitlichen Charakteristik sowie räumlichen Verteilung der Mineralisationen.
Zunächst wird auf die Methodik, insbesondere auf die Erfassung von Altbergbaudaten sowie auf die Bewertung von metallogenetisch relevanten Daten durch Neudokumentation von Altbergbaurelikten eingegangen.
Im Ergebnis einer computergestützten und manuellen Auswertung montangeologischer Altbergbaudaten können Aussagen zur räumlichen Verteilung von metallogenetisch relevanten Nutzelementen und -mineralen sowie entsprechender Mineralassoziationen getroffen werden. Des weiteren lassen sich Zusammenhänge von Mineralisationen und bruchtektonischen Aktivierungsprozessen nachweisen.
Weiter werden die Voraussetzungen und Grenzen der Altbergbauanalyse behandelt (Einflußfaktoren auf ihre Aussagekraft und ihre objektiv bedingten Grenzen).
Unter anderem sind die erarbeiteten Fakten und Zusammenhänge eine wichtige Voraussetzung für die Festlegung von optimalen Suchstrategien.

Резюме

Горно-геологический анализ старых горных выработок, проведенный с помощью ЭВМ в рамках металлогенических исследований представляет собой значительный рабочий этап и дает ряд важных сведений по структурному, вещественному и возрастному характеру, а также по пространственному распределению минерализаций.
В начале работы представляется методика сбора данных по старым горным выработкам и дается оценка металлогенических данных, полученных в результате новой документации уже разрушенных горных выработок. В результате интерпретации горно-геологических данных по старым выработкам, проведенной с помощью ЭВМ и традиционными методами, удалось сделать выводы относительно пространственного размещения металлогенически важных полезных элементов и минералов, а также по соответствующим минеральным ассоциациям. Кроме этого удалось выявить взаимосвязи между минерализациями и активностью разрывных нарушений.
Далее в работе рассматриваются предпосылки и границы анализа (факторы, влияющие на представительность анализа и его объективные границы). Необходимо отметить, что выявленные факты и взаимосвязи представляют собой важные предпосылки для определения оптимальной стратегии поисков.

Summary

Computer-aided mining-geological analysis of old mining is an important step within the framework bounds of metallogenetical research work. It refers to the structural, material and temporal characterization as well as to the spatial distribution of mineralizations to a great extent. At the beginning, in the first chapter the methodology of old-mining analysis, especially registration of old-mining data as well as evaluation of metallogenetically relevant data by a new documentation of old-mining relics are explained.
As result of a computer-aided and manual interpretation of geological old-mining data new results concerning spatial distribution of metallogenetically relevant, useful elements and minerals as well as suitable mineral associations can be received. Furthermore, it is possible to show correlations between mineralizations and activiation processes of fracture tectonics.
In the second chapter the preconditions and restraints of the analysis of old mining are discussed. Here, the factors influencing force of expression and its objectively conditioned limits have to be mentioned.
At the end, there are still some remarks concerning the results of old-mining analysis. Among other things the facts and relations which were worked out are an important precondition for optimal prospective strategies.

Literatur

BAUMANN, L.: Tektonik und Genesis der Erzlagerstätte von Freiberg (Zentralteil). — Freib. Forsch.h. R. C 46, Berlin (1958) 208 S.
— Die Erzlagerstätten der Freiberger Randgebiete. — Freib. Forsch.h. R. C 188, (Leipzig) 268 S.
— Die endogenen „Lagerstättenformationen" in der historischen Entwicklung der Lagerstättenforschung. — Geologie, Berlin 20 (1971) 4/5, S. 375—390
— Zur genetischen Stellung der erzgebirgischen Mineralparagenesen. — Freib. Forsch.h. R. C 364, Leipzig (1981) S. 9—24
BECK, R.: Die Erzlagerstätten der Umgegend von Marienberg (Manuskript von C. H. MÜLLER). — Jahrb. Berg-Hüttenwes., Freiberg 1912, S. A 63—A 133
BOGSCH, W.: Der Marienberger Bergbau in der 1. Hälfte des 16. Jahrhunderts. — Schwarzenberg: Glückauf-Verlag 1933, 155 S.
— Der Marienberger Bergbau seit der 2. Hälfte des 16. Jahrhunderts. — Mitteldtsch. Forsch., Köln—Graz 45 (1966) 236 S.
BOLDUAN, H.: Die Zinnmineralisationen im Erzgebirge — Typen und Verteilung. — Geologie, Berlin 21 (1972) 6, S. 677—692
FREIESLEBEN, J. C.: Die sächsischen Erzgänge in einer vorläufigen Aufstellung ihrer Formationen. — Mag. Oryktogr., Freiberg (1843) 1. Extraheft, 213 S.
— Die sächsischen Erzgänge in lokaler Folge nach ihren Formationen zusammengestellt. — Mag. Oryktogr., Freiberg (1845) 3. Extraheft, S. 57—99
KNOTHE, CH.: Herleitung und Bedeutung der säkularen magnetischen Deklinationskurven, speziell des Freiberger Revieres. — Z. geol. Wiss., Berlin 16 (1988) 1, S. 37—42
KUSCHKA, E.: Feststellung der Mineralabscheidungsfolge hydrothermaler Gänge an Haldenproben und Lesesteinen. — Fundgrube, Berlin 6 (1970) 3/4, S. 49—57
— Über Ergebnisse einer Neubearbeitung hydrothermaler Gangmineralisationen des Erzgebirges, Granulitgebirges und Vogtlandes. — Z. angew. Geol., Berlin 18 (1972) 3, S. 97—108
LABICH, F.-L.: Probleme der geologischen Erkundung in Lagerstätten mit altem Bergbau. — Freib. Forsch.h. R. C 167, Berlin (1963) S. 107—123
LEHRBERGER, G.; PREINFALK, CH.; MORTEANI, G.: Historischer Goldbergbau im Oberpfälzer Wald im Licht neuer geologisch-mineralogischer Untersuchungen. — Acta Albertina Ratisbonensia, Regensburg 45 (1988) S. 95—128
NICKERL, F.: Übersicht über alte, im sächsischen Bergbau verwandte Maße, Gewichte, Zahlungsmittel und Bezeichnungen. — Fundgrube, Berlin 2 (1966) 3/4, S. 49—55
SEIFERT, TH.: Montangeologische Altbergbauanalyse des Ostteils des Mittelerzgebirgischen Antiklinalbereiches (Gebiet Drebach—Wiesa—Wolkenstein—Marienberg—Pobershau—Rübenau—Reitzenhain). — Freiberg: Bergakademie, Zwischenbericht 1988 (unveröff.)
TISCHENDORF, G.: Stand der Kenntnisse bei der Suche nach Zinnlagerstätten im Osterzgebirge. — Z. angew. Geol., Berlin 10 (1964) 5, S. 225—238
ZIEHR, H.: Der historische Bergbau und die Erzvorkommen im Fichtelgebirge. — Aufschluß, Heidelberg 32 (1981) 1, S. 7—23

Z. angew. Geol., 36 (1990) 9

Landschaftsgeochemie als Methode zur Klärung der Elementmigration in der Umwelt und zur Gliederung geochemischer Kulturlandschaften

Johannes Rentzsch, Wilfried Schulze, Manfred Birke, Rainer Wagenknecht, Berlin

Veröffentlichung Nr. 19/90 aus dem Zentralen Geologischen Institut

Einleitung

In Zusammenhang mit Arbeiten der pedogeochemischen Oberflächenprospektion wurde vor ca. 40 Jahren in der UdSSR durch Geographen die Landschaftsgeochemie entwickelt, da erkannt worden war, daß in Naturlandschaften die komplex wirkenden Umweltfaktoren Klima, Vegetation, Geologie (anstehendes Gestein und dessen Verwitterungsprodukte bzw. Lockersedimentbedekkung), Bodenart und Bodentyp, Hydrologie und Relief die Migration der Elemente im exogenen geochemischen Feld steuern. Polynov (1946) verstand unter einer geochemischen Landschaft einen Bereich der Erdoberfläche, der sich durch bestimmte Besonderheiten der Migration chemischer Elemente auszeichnet. Diese Definition wurde in der Folgezeit durch verschiedene sowjetische Wissenschaftler wie Perelman (1954, 1966, 1972, 1975), Glazovskaja (1961), Lukašev & Lukašev (1972) und Mickevič & Suščik (1981) weiterentwickelt. Seitdem wird die Landschaftsgeochemie in der Auswertung aller möglichen oberflächengeochemischen Untersuchungen in der UdSSR eingesetzt.
Fortescue (1980) benutzte die Landschaftsgeochemie zur Lösung geochemischer Probleme in der Forstwirtschaft Kanadas.
Geochemische Kulturlandschaften sind in ihrer Vielfalt noch nicht so weitgehend erforscht wie die Naturlandschaften (Perel'man 1975).
Wie bei der Betrachtung der eingangs genannten Landschaftsfaktoren sofort zu erkennen ist, bestehen zwischen Landschaftsgeochemie und geographischer Landschaftslehre weitgehende Konvergenzen. Abweichend von der geographischen Landschaftslehre und der naturräumlichen Landschaftsgliederung wird in der landschaftsgeochemischen Forschung der Schwerpunkt der Untersuchungen auf die von den Landschaftsfaktoren abhängige Migration der Elemente in fester, flüssiger und gasförmiger Form gelegt.
In Übereinstimmung mit Neef (1977) sind Landschaften, d. h. auch geochemische Landschaften, offene dynamische Systeme, in denen die Landschaftsfaktoren in stabile (Geologie, Relief), variable (z. B. Hydrologie) und labile Faktoren (z. B. Vegetation) gegliedert werden können.

Begriffsbestimmung

Die Landschaftsgeochemie befaßt sich mit den Gesetzmäßigkeiten der Elementmigration in den Medien des dreidimensionalen Landschaftskörpers (Gestein, Verwitterungszone, Boden, Oberflächen- und Grundwasser, Bodenluft und bodennahe Luft und Vegetation — Biosphäre) und ist damit eine wesentliche Teildisziplin der Umweltgeochemie.
Eine geochemische Landschaft ist nach Perelman (1966) eine paragenetische Assoziation von Elementarlandschaften, die durch die Migration chemischer Elemente miteinander verbunden sind. Der Elementarlandschaft als kleinstem Baustein der geochemischen Landschaft entspricht die topische, der geochemischen Landschaft selbst die chorische Dimension der geographischen Landschaftslehre.
Die Elementarlandschaften unterscheiden sich durch ihre Lage im Relief und damit vor allem auch durch den Einfluß des Grundwassers auf den Bodenchemismus. Nach Glazovskaja (1961) werden folgende Elementarlandschaften unterschieden (Abb. 1):

1. eluviale Elementarlandschaft
2. transeluviale Elementarlandschaft
3. superaquale Elementarlandschaft
4. subaquale Elementarlandschaft

Eingang des Manuskripts in der Redaktion: 23. 1. 1990

Bereits erkannte Gesetzmäßigkeiten der Elementmigration in den Typen der Elementarlandschaften von geochemischen Kulturlandschaften werden in einer späteren Arbeit behandelt.
Perelman (1966) hat eine Systematik der Gliederung geochemischer Naturlandschaften erarbeitet. Die Anwendung dieses Klassifikationsschemas auf das Territorium der DDR zeigt nach Schulze & Rentzsch (1982) folgendes Bild:

Serie:	biogene Landschaften
Gruppe:	bewaldete Landschaften
Typ:	sommergrüne Laubwälder
Familie:	Laubwaldzone der Flach- und Hügelländer, Mischwaldzone der Bergländer, Nadelwaldzone der Kammlagen
Klasse:	(nach dem Chemismus der im A-Horizont des Bodens zirkulierenden Wässer) H—Fe; H—Ca; Ca usw.
Gattung:	Relieftyp I Flachland Relieftyp II Hügel- und Bergland
Art:	große Vielfalt in Abhängigkeit von der geologischen Situation

Dieses Schema zeigt, daß ein derartiges Herangehen für kleinmaßstäbliche Gliederungen großer, anthropogen wenig beeinflußter Territorien zwar günstig ist, jedoch bei der detaillierten Gliederung relativ kleiner Gebiete in Mitteleuropa, die sich durch die komplexe Nutzung aller Naturressourcen auszeichnen, kaum Anwendung finden kann.

Landschaftsgeochemische Arbeiten in den Grundgebirgseinheiten des S-Teiles der DDR

Allgemeines

Regionale geochemische Prospektionsarbeiten in den Mittelgebirgsgebieten des S-Teiles der DDR zeigten, daß zur Bewertung der Prospektionsergebnisse eine geochemische Landschaftsgliederung der Kulturlandschaften der DDR unbedingt notwendig ist, um die vorhandenen Dispersionsmuster verstehen zu können. Nach unserer Auffassung sind regionale umweltgeochemische Untersuchungen im exogenen geo-

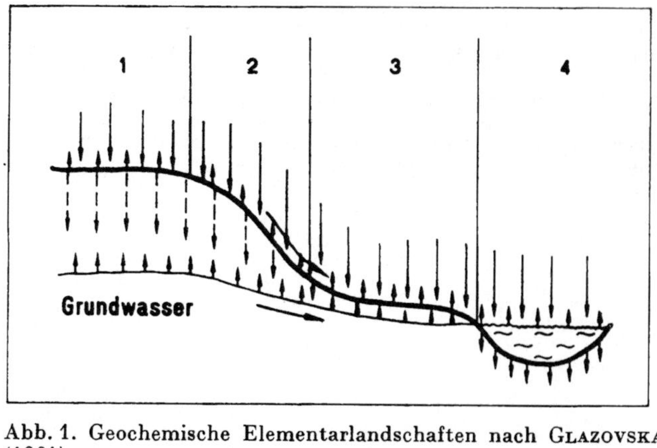

Abb. 1. Geochemische Elementarlandschaften nach Glazovskaja (1961)
1 — eluviale Elementarlandschaft; 2 — transeluviale Elementarlandschaft; 3 — superaquale Elementarlandschaft; 4 — subaquale Elementarlandschaft

chemischen Feld ohne landschaftsgeochemische Gliederung nicht deutbar.
In Übereinstimmung mit Richter (1979) kann man sagen, daß die geochemischen Kulturlandschaften in ihrem räumlichen Gefüge (Elementarlandschaften) und in ihren Grenzen, in ihren internen sowie den zwischen ihnen ablaufenden Migrationsprozessen durch die flächenhafte Bodennutzung beeinflußt werden. Deshalb wird seit ca. 10 Jahren der Typ der Bodennutzung als entscheidender variabler Faktor der geochemischen Kulturlandschaften neben den eingangs genannten Landschaftsfaktoren in die statistische Auswertung prospektions- und umweltgeochemischer Daten einbezogen (Rentzsch & Schulze 1984; Rentzsch, Schulze u. a. 1985; Pälchen & Ossenkopf in Tischendorf u. a. 1989).
Die Bodennutzung beeinflußt die natürlichen Landschaftsfaktoren mit zunehmender Intensität in der Folge: Geologie—Relief—Klima—Boden—Hydrologie—Vegetation.
In Zusammenhang mit den regionalen bachsediment-hydrogeochemischen Prospektionsarbeiten wird der Faktor Bodennutzung nach Art, Intensität und Komplexität folgendermaßen gegliedert:

1. forstwirtschaftliche Nutzung
2. forstwirtschaftliche und landwirtschaftliche Nutzung
3. landwirtschaftliche Nutzung
4. Nutzung durch Landwirtschaft und Siedlung
5. Nutzung durch Siedlung und Industrie
6. Nutzung durch Industrie und/oder Bergbau.

Die methodisch bedingte Komplexität der Bodennutzung in mehrere km² großen Wassereinzugsgebieten (Bemusterung von Bächen 1. bis 3. Gewässerordnung, Probenahmedichte 1,5 Proben/km²) zeigt sich bei den unter 2. und 4. bis 6. genannten Mischtypen der Bodennutzung.
Bei pedogeochemischen Arbeiten läßt sich der Typ der Bodennutzung am Probepunkt eindeutig festlegen. Hier können die von Richter & Kugler (1972) unterschiedenen Grundtypen der technisch veränderten Natur

— forstliche Nutzung
— Nutzung durch die Pflanzenproduktion
— überbaute bzw. bedeckte Oberfläche
— Abbaufläche
— rekultivierte Fläche
— Gewässer

noch folgendermaßen spezifiziert werden:

— forstwirtschaftliche Nutzung (Nadel-, Laub- und Mischwald)
— landwirtschaftliche Nutzung (Grün- und Weideland, Ackerland)
— überbaute Oberfläche (ländliche oder städtische Siedlung, Industrie usw.)

Die Abgrenzung von geochemischen Kulturlandschaften erfolgt nach der bei der Abgrenzung naturräumlicher Einheiten üblichen Grenzsaummethode (Schultze 1955; Neef 1967). Es werden dabei vor allem folgende Faktoren berücksichtigt:

— Geologie (lokal oberflächig direkt anstehende Festgesteine und die ihnen regional auflagernden quartären paraautochthonen bis allochthonen periglazialen Schuttdecken, glaziale und fluvioglaziale Bildungen)
— Bodennutzung (für 85% der Fläche der DDR gleichzeitig den Vegetationsfaktor beinhaltend; 58% landwirtschaftliche und 27% forstwirtschaftliche Nutzfläche)
— Relief
— Boden (Bodenart, Bodentyp, Bodengesellschaft bzw. Hauptbodenform).

Als migrationsrelevante Parameter werden pH-Wert und Leitfähigkeit sowohl der Bachwässer als auch der Böden besonders beachtet. Außerdem werden wie bei der Charakterisierung der naturräumlichen Einheiten Angaben zur Höhenlage, der durchschnittlichen Jahrestemperatur und der Niederschlagsmenge gemacht.
Nützlich für die Charakterisierung und Abgrenzung von geochemischen Kulturlandschaften erwiesen sich kartenmäßige Darstellungen der Ergebnisse multivariater statistischer Auswertungen (Faktoranalyse, Cluster-Q-Analyse) von geochemischen Multielementanalysen einschließlich der Parameter pH-Wert und Leitfähigkeit (eL) (Rentzsch & Wagenknecht 1989) und die Kontrolle der Landschaftsbegrenzung mittels Diskriminanzanalyse.
Ein Hauptproblem von geochemischen Kulturlandschaften ist das Auftreten von Immissionsaureolen, die in der Hauptwindrichtung von Emittenten bzw. ganzen Ballungszentren ausgehen. Die Aureolen sind bis zu ca. 50 km direkt verfolgbar und verlaufen oft diskordant zu den Grenzen der naturräumlichen Landschaftsgliederung (z. B. Dübener Heide, Dässler 1976).
Auf Grund der in ihrer Intensität schwankenden, jedoch kontinuierlichen Belastung durch Immissionen können die geochemischen Kulturlandschaften zusätzlich folgendermaßen unterteilt werden:

— schwach immissionsbeeinflußte Landschaften
— immissionsüberprägte Landschaften
— immissionsgeprägte Landschaften.

Aufgaben und Ziele der geochemischen Landschaftsgliederung von Kulturlandschaften können in folgender Art und Weise formuliert werden:
— Die landschaftsgeochemische Rayonierung hat das Ziel, Landschaftstypen, in denen das geochemische Grundangebot durch die Stoffmigration kaum verändert wird, von solchen unterscheiden zu können, in denen bestimmte essentielle oder Schadstoffelemente auf Grund des natürlichen oder anthropogen veränderten Milieus dispergiert oder konzentriert werden (Rentzsch 1989).
— Sie hat weiterhin das Ziel, Gebiete mit Über- oder Unterangebot bestimmter Elemente oder Elementgruppen im exogenen geochemischen Feld abzugrenzen. Solche Gebiete können entweder durch den geologischen Faktor, d. h. die anstehenden Gesteine (Überangebot: z. B. Schwarzschiefer mit V, Cr, As und Buntmetallen; Unterangebot: z. B. Quarzite bzw. pleistozäne Sande mit Verarmung fast aller nicht klastisch transportierter Elemente) oder durch milieubedingte Migrationsänderungen (Überangebot z. B. durch Ausfällung von Fe—Mn-Hydroxiden an der Oxydations- bzw. pH-Barriere einschließlich adsorptiver Bindung von Co, Ni, As, Be, Zn u. a. Elementen, entsprechender Elementmangel im Wasser; Unterangebot: Wegfuhr von Mn, Co, Ni u. a. Elementen in Gebieten mit Versauerungstendenz, zumindest zeitweise hohes Angebot dieser Elemente im Wasser) verursacht werden.
— Das Studium der Migrationsparameter ermöglicht die Prognose von Gebieten, in denen die Versauerungstendenz natürlich und technogen intensiviert bis zur Zerstörung des Silikatpuffers im Boden führt. Voraussetzung dafür ist natürlich die Bestimmung der Hauptelemente Si, Al, Mg, Ca, Na und K in den Probemedien.

Ergebnisse

Bei der Vorauswertung von bachsediment-hydrogeochemischen Multielementdaten aus dem Grenzbereich der naturräumlichen Einheiten „Lausitzer Platte“ und „Dresdener Elbtalweitung“ wurde festgestellt, daß bei gleichem granodioritischen Gestein im Anstehenden und geringmächtiger Sandbedeckung mit forstwirtschaftlicher Bodennutzung auf der einen Seite (Dresdener Heide) und Lößlehmbedeckung mit landwirtschaftlicher Bodennutzung auf der anderen Seite (Schönfelder Platte als Teil der Lausitzer Platte) in unmittelbarer Nachbarschaft wesentliche Unterschiede in den pH-Werten und den F-Gehalten der Oberflächenwässer (F_W) und in den Hg-, Pb-, Co-, Ni- und As-Gehalten der Bachsedimente bestehen.

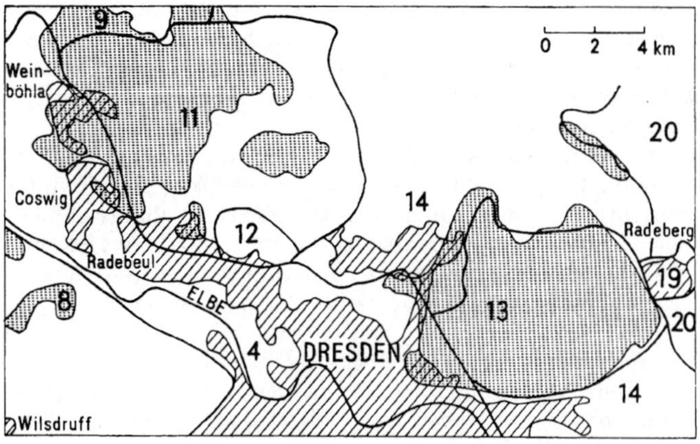

Abb. 2. Ausschnitt aus der Karte der geochemischen Landschaften in der Elbezone und am SW-Rand des Lausitzer Blockes

Grauraster: forstwirtschaftliche Bodennutzung; geochemische Kulturlandschaften: 4 — Dresdener Elbtalweitung; 8 — Mittelsächsisches Lößgebiet; 9 — Großenhainer: Land; 11 — Moritzburger Teich- und Kuppenlandschaft; 12 — Wahnsdorfer Lößplatte; 13 — Dresdener Heide; 14 — Lausitzer Platte; 20 — Arnsdorfer Land

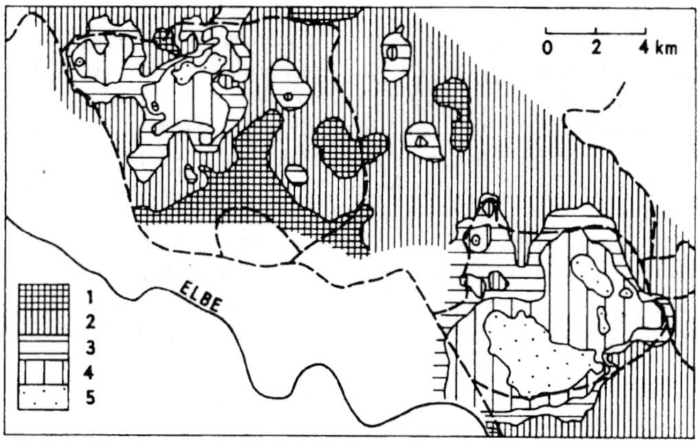

Abb. 3. Verteilung der pH-Werte der Oberflächenwässer

Gestrichelt: Grenzen der geochemischen Kulturlandschaften; pH-Werte: 1 — > 6.9; 2 — 6,0—6,9; 3 — 5,0—5,9; 4 — 4,0—4,9; 5 — < 4

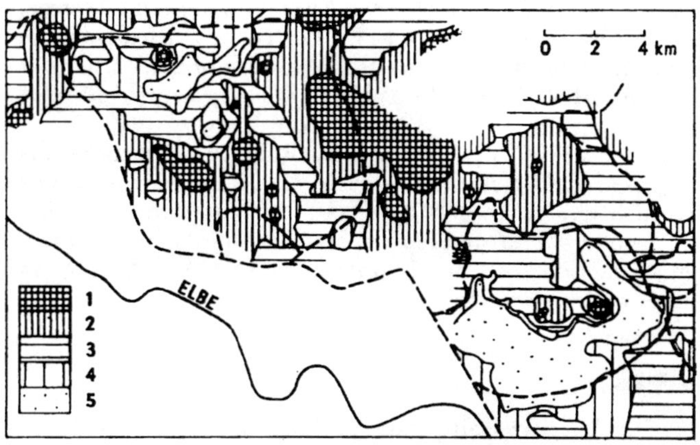

Abb. 4. Verteilung der Mn-Gehalte in den Bachsedimenten

Gestrichelt: Grenzen der geochemischen Kulturlandschaften; Mn-Gehalte, in mg/kg: 1 — > 2399; 2 — 1000—2399; 3 — 430—999; 4 — 280—429; 5 — < 280

Eine Überprüfung im Grenzbereich der Moritzburger Teich- und Kuppenlandschaft und dem Großenhainer Land brachte ähnliche Ergebnisse. Daraufhin wurde die Methodik der Ausgliederung von geochemischen Kulturlandschaften auf der Basis von bachsediment-hydrogeochemischen Multielementdaten ausgearbeitet (SCHULZE & RENTZSCH 1982) und bei der Untersuchung des exogenen geochemischen Feldes im Bereich der periglazial beeinflußten bzw. schwach pleistozän verdeckten Grundgebirgseinheiten des S-Teiles der DDR konsequent durchgeführt. Die Anwendbarkeit der Methode im pleistozän verdeckten N-Teil der DDR wurde in einem Gebiet mit sehr komplexer Flächennutzung im Raum östlich von Berlin getestet.

Im folgenden wird die Gliederung der geochemischen Kulturlandschaften am SW-Rand des Lausitzer Blockes nordöstlich des Ballungszentrums Dresden behandelt. Sie ist in Abb. 2 schematisch dargestellt.

Die Verteilung der pH-Werte und der Mn-Gehalte der Bachsedimente beweist die pH-abhängige Wegfuhr des Mn in den Bachsedimenten in geochemischen Kulturlandschaften mit klarer Versauerungstendenz (Abb. 3 und 4) Die statistischen Parameter eines Teiles der Multielementdaten der Bachsediment-Untersuchungen der vier wichtigsten Landschaften zeigt die Tab. 1.

Die bereits oben erwähnte Gehaltserhöhung der Elemente Hg, As und z. T. Pb in den Bachsedimenten und die hohen F-Gehalte im Wasser (F_W), die in forstwirtschaftlich genutzten Landschaften auftreten, sind milieu- d. h. landschaftsbedingt. RENTZSCH, SCHULZE u. a. (1985) charakterisierten das folgendermaßen: Die bei niedrigen pH-Werten relativ hohen Elementgehalte der Bachsedimente in einem Teil der forstwirtschaftlich genutzten Gebiete können durch Veränderung der Migrationsfaktoren innerhalb einer geochemischen Landschaft entstehen. Solche Veränderungen sind z. B. die langzeitig wirkende pH-Wert-Erniedrigung durch Koniferen-Monokulturen, wasserwirtschaftliche Maßnahmen oder flächenhafte Immissionen. Durch die genannten anthropogenen Veränderungen wurden sie (die geochemischen Naturlandschaften) zumindestens teilweise in Inseln der borealen Nadelwaldzone verwandelt. Während in den ursprünglichen geochemischen Landschaften unseres Gebietes die detritogene Elementbindung die organische und adsorptive weitaus überstieg, nimmt in diesen veränderten geochemischen Kulturland-

Tab. 1. Statistische Maßzahlen von Wasser-Bachsedimentdaten ausgewählter geochemischer Kulturlandschaften im Grenzbereich Elbezone—Lausitzer Block

Landschaft		**Großenhainer Land**			**Moritzburger Teich- und Kuppenlandschaft**		
Probenanzahl		109			87		
Parameter		$\bar{x}$	s	Mo	$\bar{x}$	s	Mo
Wasser	pH	7,0	0,7	7,1	6,2	1,2	7,1
	eL	849	197	889	508	171	391
	F_W	0,4	0,2	0,4	0,6	0,9	0,5
Bach-sediment	Hg	88	49	65	206	89	143
	Pb	38	21	28	79	34	67
	As	21	27	13	26	22	13
	F_S	334	246	267	713	254	611
	Be	3,1	3,1	1,8	8,4	5,6	5,7
Landschaft		**Dresdener Heide**			**Lausitzer Platte**		
Probenanzahl		78			102		
Parameter		$\bar{x}$	s	Mo	$\bar{x}$	s	Mo
Wasser	pH	4,6	0,9	4,0	6,5	0,5	6,3
	eL	362	60	359	594	149	503
	F_W	0,6	0,3	0,3	0,3	0,2	0,2
Bach-sediment	Hg	249	320	213	179	171	93
	Pb	94	65	72	78	48	44
	As	54	51	23	25	22	13
	F_S	455	203	356	427	384	229
	Be	2,8	3,0	1,1	3,6	2,8	2,1

eL in µs/cm; F_W in mg/l; Hg in µg/kg; Pb, As, F_S, Be in mg/kg; F_W — Fluorgehalt der Oberflächenwässer; F_S — Fluorgehalt in Bachsedimenten; $\bar{x}$ — arithmetisches Mittel; s — Standardabweichung; Mo — Modalwert

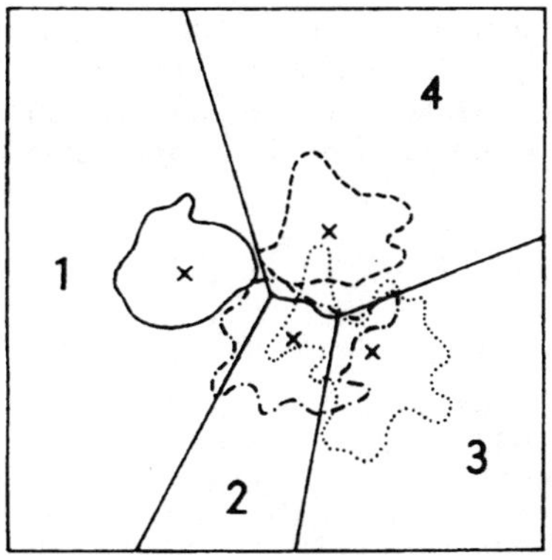

Abb. 5. Diskriminanzanalyse der geochemischen Kulturlandschaften

1 – Großenhainer Land; 2 – Moritzburger Teich- und Kuppenlandschaft; 3 – Dresdener Heide; 4 – Lausitzer Platte

schaften die bei mittlerem und flachem Relief in der borealen Nadelwaldzone dominierende organische Elementbindung immer mehr zu. Entsprechendes zeigen auch die Untersuchungen von BIRKE & SCHULZE (1988) zur Elementbindung in den Bachsedimenten der geochemischen Kulturlandschaft des Rambergmassivs im Harz.

Methoden der multivariaten Statistik ermöglichen Aussagen zur Exaktheit der Zuordnung von Einzelproben zu geochemischen Kulturlandschaften, zu den Multielementassoziationen des exogenen geochemischen Feldes und z. T. auch zur Elementbindung in ihnen. Das erste wird z. B. auch durch den Einsatz der Diskriminanzanalyse realisiert: Anhand von Lernproben wurden die Diskriminanzfunktionen ermittelt und mit deren Hilfe die vorgegebene Zuordnung aller Proben zu vier geochemischen Kulturlandschaften überprüft. 79,3 bis 92,7% der Proben (durchschnittlich 85,6%) erwiesen sich als „richtig" klassifiziert. Die von der Vorgabe abweichende Zuordnung einzelner Proben in eine andere geochemische Kulturlandschaft konnte als Folge der angewendeten Grenzsaummethode, lokal abweichender Bodennutzung, geologischer Besonderheiten und von lokalen geochemischen Anomalien in den geochemischen Kulturlandschaften identifiziert werden (Abb. 5).

Die Ermittlung korrelativer Multielementassoziationen und des Grades einer Zuordnung der Einzelproben zu diesen Assoziationen wurde mit der Faktoranalyse realisiert. Die aus den Daten des Gesamtbereiches Elbtalzone—SW-Rand Lausitz

Tab. 2. Faktoranalyse von Wasser—Bachsedimentdaten (ln-Werte) aus dem Bereich Elbezone—SW-Rand Lausitz

Faktor	Elemente Faktorladung**						Ursachen	Varianz*
1	Pb	Hg	Zn	Sn	Cu	As	Min, A (Industrie,	43,3
	80	79	71	64	64	52	Siedlung	
2				pH	eL	B	M, A (Landwirtschaft)	21,9
				80	76	52		
3		Co	Mn	Ni	Be	Zn	M (Ox.-Barriere)	15,0
		79	76	60	48	44		
4				Cr	Ti	Ni	G (Metabasite)	8,7
				76	63	55		
5			Ba	Fs	Li	Be	G (Monzonite und	5,8
			53	52	45	39	Ganggranite)	
							Meißner Massiv)	
6					Zr	Ti	M (Gravitations-	5,4
					90	50	Barriere)	

Ursachen: Min – mineralisationsbedingt
M – milieu- d. h. landschaftsbedingt
G – gesteinsbedingt
A – anthropogen bedingt

* prozentualer Varianzanteil eines Faktors an der erklärten Varianz
** Die Faktorladungen wurden mit 100 multipliziert

Abb. 6. Faktorwertverteilung des Faktors pH-eL-B

Gestrichtelt: Grenzen der geochemischen Kulturlandschaften; Faktorwerte: 1 – > 0,0; 2 – −1,0–0,0; 3 – < −1,0

(1406 Proben) auf diesem Wege erhaltenen Merkmalsassoziationen und deren grundsätzliche genetische Interpretation sind in Tab. 2 zusammengestellt. Die entsprechende Probenzuordnung zur pH-Wert-Leitfähigkeit-Assoziation zeigt Abb. 6. Hohe positive Werte dieses Faktors charakterisieren eine kommunale, landwirtschaftliche und industrielle Belastung der Oberflächengewässer mit basischen Imissionen. Negative Faktorwerte zeigen die Versauerung in ganzen geochemischen Kulturlandschaften oder Teilen von ihnen klar an.

Eine Abgrenzung von geochemischen Kulturlandschaften mit Versauerungstendenz ist ebenfalls mit Hilfe der Clusteranalyse möglich (Abb. 7). Diese gestattet Aussagen, inwieweit Elementgehalte in einzelnen Bereichen (Verbreitungsgebieten von Klassen) dem jeweiligen regionalen geochemischen Untergrundwert in etwa entsprechen oder angereichert bzw. verarmt sind. Im letzteren Falle handelt es sich im Regelfall um forstwirtschaftlich genutzte geochemische Kulturlandschaften mit Versauerungstendenz und mit Wegfuhr von Mn, Co, Ni, Zn und anderen Elementen.

Die mit Hilfe der Faktoranalyse und der Clusteranalyse erhaltenen Abgrenzungen von geochemischen Kulturlandschaften mit Versauerungstendenz sind vergleichbar (Abb. 6 und 7). Der Vergleich der (hier nur auszugsweise vorgestellten) Ergebnisse der Analyse einzelner geochemischer Kulturland-

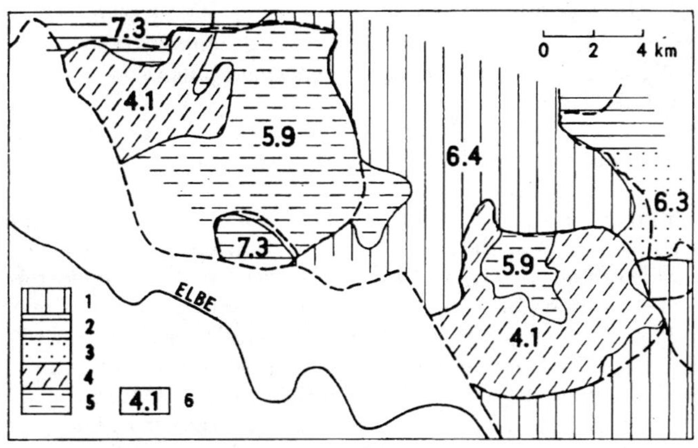

Abb. 7. Gliederung des Untersuchungsgebietes mit Hilfe der Cluster-Q-Analyse

1 – regionaler geochemischer Multielementuntergrund RU 1; 2 – regionaler geochemischer Multielementuntergrund RGU 2 (gegenüber RGU 1 pH-, Fw-, eL-erhöht; Co-, Pb-, Zr-, Cr-, Sn-, Mn-erniedrigt); 3 – regionaler geochemischer Multielementuntergrund RGU 3 (gegenüber RGU 1 Mn-, Zr-, Ti-, Cu-, Pb-, Ni-, Sn-, Zn-erniedrigt); 4 – As–Fw-Anomalie (pH-erniedrigt); 5 – lokaler geochemischer Multielementuntergrund LGU 1 (Li-, Fs-, Fw-, Sn-, Be-erhöht); 6 – durchschnittlicher pH-Wert der Klasse

schaften mit deren von uns erarbeiteten Charakteristika in den übrigen Grundgebirgseinheiten des S-Teiles der DDR zeigt einige Gesetzmäßigkeiten. RENTZSCH (1989) wies bereits darauf hin, daß die pH-Werte der Oberflächenwässer (und Böden) in Forstgebieten, die in den Hauptwindrichtungen von Industrie- und Ballungsgebieten liegen, wesentlich niedriger sind, als in größerer Entfernung von Emittenten. Entsprechendes gilt auch für im exogenen geochemischen Feld nachweisbare Buntmetallassoziationen (s. auch WEBB 1978). Als Beispiele seien außer dem in vorliegender Arbeit behandelten Gebiet genannt: Oberharzer Bergbau- und Hüttengebiet (BRD) — geochemische Kulturlandschaften des Brockenmassivs und der Brockenhänge; Industriegebiet Thale — des Rambergmassivs und der Ramberghänge; Industriegebiet Freiberg — des Tharandter Waldes. Ausnahmen bilden selbstverständlich Gebiete mit basischen Immissionen (DÄSSLER 1977; FIEDLER 1984).
Die Ergebnisse der Arbeiten in den Grundgebirgseinheiten des S-Teiles und erste entsprechende Untersuchungen im N-Teil der DDR zeigen, daß eine geochemische Landschaftsgliederung in unserem Land im Rahmen geochemischer Kartierungsarbeiten möglich ist, wenn migrationsrelevante Parameter bestimmt werden, unabhängig davon, ob eine Kartierung mittels Wasser-Bachsediment-Proben oder mittels Bodenproben durchgeführt wird. In Zukunft ist bei diesen Untersuchungen zu beachten, daß nicht nur in den landwirtschaftlich genutzten Gebieten durch eine periodische Düngung und Kalkung des Bodens eine sich ständig verändernde anthropogene geochemische Barriere gegen eine Versauerungstendenz aufgebaut wird, sondern daß auch in den forstwirtschaftlich genutzten Landschaften durch die Kalkung aus der Luft die Migrationsparameter im exogenen geochemischen Feld beeinflußt werden. Nach LIEBEROTH (1982) reicht bei Jungäckern die pH-Wert-Erhöhung bis 0,7 m Tiefe und bei Altäckern bis 1 m Tiefe. Das macht spezielle multivariate statistische Untersuchungen (z. B. multiple Regression) notwendig, um natürliches geochemisches Grundangebot von anthropogenem Eintrag und von durch veränderte Migrationsbedingungen hervorgerufenen Elementanreicherungen oder -verarmungen unterscheiden zu können.

Grundzüge der landschaftsgeochemischen Gliederung der Kulturlandschaften des Gesamtterritoriums der DDR

Die landschaftsgeochemische Gliederung des Gesamtterritoriums der DDR muß sich an der Gliederung Mitteleuropas in Naturregionen und an der oberflächengeologischen Situation orientieren.
Wir haben zunächst folgende Naturregionen zu unterscheiden: glazial bestimmtes Tiefland, Lößgürtel und Mittelgebirgsschwelle. Im glazial bestimmten Tiefland sind Jung- und Altmoränengürtel und große Täler und Niederungen zu trennen. Die ersten beiden Bereiche sollten noch in Grund- und Endmoränen und in Sander unterteilt werden. Im Lößgürtel können niederschlagsreiche und -arme Gebiete ausgehalten werden. Die periglazial beeinflußte Mittelgebirgsschwelle wird in Deckgebirgsanteile und Grundgebirge aufgeteilt. In letzterem sollte man die noch lößbeeinflußten unteren und mittleren Lagen von großen Tälern und Kammlagen unterscheiden.
In Abhängigkeit vom zu wählenden Gliederungsmaßstab erfolgt dann eine weitere Differenzierung der geochemischen Kulturlandschaften unter Berücksichtigung der konkreten geologischen Situation (Gestein, Boden), der Bodennutzung und der wichtigsten Migrationsparameter (pH-Wert, eL-Wert, Schwerkraft, Gehalt an organischer Substanz). Besonders zu beachten sind ausgedehnte, z. T. diskordant zu den Naturräumen verlaufende Immissionsaureolen und Stadtlandschaften (Ballungszentren). Letztere bedürfen noch einer grundlegenden Untersuchung; sie konnten von uns nur in wenigen, nicht zu verallgemeinernden Beispielen bearbeitet werden.

Zusammenfassung

Die in der UdSSR entwickelte Landschaftsgeochemie befaßt sich mit den Gesetzmäßigkeiten der Elementmigration in der Landschaft. Während die Elementmigration in den Naturlandschaften durch die Umweltfaktoren Geologie, Boden, Relief, Klima, Vegetation und Hydrologie gesteuert wird, kommt bei Kulturlandschaften als bestimmender Faktor die Bodennutzung hinzu. Nach einer Begriffsbestimmung und allgemeinen Angaben zur Ausgliederung geochemischer Kulturlandschaften wird die in den Grundgebirgseinheiten des S-Teils der DDR durchgeführte Gliederung der geochemischen Kulturlandschaften am Beispiel des SW-Randes des Lausitzer Blockes nordöstlich des Ballungszentrums Dresden dargestellt. Besonders wird auf die Bedeutung der Migrationsparameter pH-Wert und Leitfähigkeit der Oberflächenwässer sowie auf die Möglichkeiten des Einsatzes von multivariaten statistischen Methoden (Cluster-Q-Analyse, Faktoranalyse, Diskriminanzanalyse) bei der Abgrenzung geochemischer Kulturlandschaften eingegangen.

Резюме

Разработанная в СССР ландшафтная геохимия занимается выявлением закономерностей миграции элементов в ландшафтах. В то время как в природных ландшафтах миграция элементов осуществляется посредством воздействия естественных факторов — геологии, почв, рельефа, климата, растительности и гидрологии, то в культурных ландшафтах в качестве определяющего добавляется новый фактор — характер использования почв. После терминологических разъяснений и общих данных по выделению геохимических культурных ландшафтов в работе предлагается расчленение культурных ландшафтов, проведенное в зонах выхода основных пород южной части ГДР, в частности в районе юго-западного борта Лаузицкого блока северо-восточнее области концентрации гор. Дрездена. Особое внимание при выделение культурных ландшафтов уделяется параметрам миграции — величине pH и проводимости поверхностных вод, а также возможности использования мультивариантных статистических методов (кластерного Q-анализа, факторного и дискриминантного анализа).

Summary

Landscape geochemistry, developed in the USSR, deals with regularities of element migration in landscape. While element migration in natural landscape is controlled by natural factors as there are geology, soil, relief, climate, vegetation and hydrogeology, cultivated landscape is influenced by land use, too. After defining terms and common informations on geochemical cultivated landscapes their classification in the basement unities of the southern part of the GDR is presented at the example of the SW-margin of the Lausitzer Block, northeastern of the industrial centre Dresden. Especially, significance of the migration parameter as there are pH index and conductivity of surficial water as well as possibilities of the use of multivariat statistical methods (Cluster-Q-analysis, factor analysis, discriminance analysis) to demarcate geochemical cultivated landscapes are outlined.

Literatur

BIRKE, M.; SCHULZE, W.: Anreicherungs- und Bindungsformen der Spurenelemente in rezenten fluviatilen Sedimenten. — Z. angew. Geol., Berlin 34 (1988) 5, S. 135 bis 139

DÄSSLER, H.-G.: Einfluß von Luftverunreinigungen auf die Vegetation. — Jena: VEB Gustav Fischer Verlag 1976

FIEDLER, H.-J.: Bodenschutz. — Jena: VEB Gustav Fischer Verlag 1984

FORTESCUE, J. A. C.: Environmental Geochemistry, a Holistic Approach. — Heidelberg: Springer-Verlag 1980, Ecol. Studies 35

GLAZOVSKAJA, M. A. u. a.: Geochimija landšaftov i poiski poleznych iskopaemych na južnom Urale. – Moskva: Izd. Mosk. gos. univ. 1961
LIEBEROTH, J.: Bodenkunde. – Berlin: VEB Deutscher Landwirtschaftsverlag 1982
LUKAŠEV, K. J.; LUKAŠEV, V. K.: Geochimija landšaftov. – Minsk: Izd. Vysšaja škola 1972
MICKEVIČ, B. F.; SUŠČIK, J. J.: Osnovy landšaftno-geochimičeskogo rajonirovanija. – Kiev: Izd. Naukova dumka 1981
NEEF, E.: Die theoretischen Grundlagen der Landschaftslehre. – Gotha – Leipzig: VEB Hermann Haack 1967
NEEF, E. (Hrsg.): Umweltgestaltung – Umweltschutz (Sozialistische Landeskultur). – Leipzig: Brockhaus Verlag 1977
PÄLCHEN, W.; OSSENKOPF, P. in TISCHENDORF, G. (Hrsg.): Silicic Magmatism and Metallogenesis of the Erzgebirge. – Potsdam: Zent.inst. Phys. Erde 1989
PEREL'MAN, A. J.: Prirodnye landšafty evropejskoj časti SSSR i ich geochimičeskie osobennosti. – Priroda, Moskva (1954) 3
– Geochimija landšaftov. – Moskva: Izd. Vysšaja škola 1966/1975
– Geochemie epigenetischer Prozesse. – Berlin: Akademie-Verlag 1972
POLYNOV, P. P.: Geochimičeskie landšafty. – In: Voprosy mineralogii, geochimii i petrografii. Moskva: Izd. Nauka 1946
RENTZSCH, J.: Oberflächengewässer als Anzeiger von Veränderungen des geochemischen Milieus. – Z. angew. Geol., Berlin **35** (1989) 10/11, S. 322–325
RENTZSCH, J.; SCHULZE, W.: Geochemische Prospektion in den periglazial beeinflußten Gebieten des S-Teils der DDR. – Z. angew. Geol., Berlin **30** (1984) 5, S. 253–254
RENTZSCH, J.; SCHULZE, W.; BIRKE, M.; MÜLLER, H.; EICHBERG, M.; PILLATZKE, L.: Geochemische Prospektion in anthropogen beeinflußten Gebieten. – Z. angew. Geol., Berlin **31** (1985) 12, S. 290–295
RICHTER, H.: Geographische Aspekte der sozialistischen Landeskultur. – Gotha – Leipzig: VEB Hermann Haack 1979
RICHTER, H.; KUGLER, H.: Landeskultur und landeskultureller Zustand des Territoriums. – Wiss. Abh. geogr. Ges., Gotha (1972) 9
SCHULTZE, J. H.: Die naturbedingten Landschaften der Deutschen Demokratischen Republik. – Petermanns geogr. Mitt., Gotha (1955) Erg.h. 275
SCHULZE, W.; RENTZSCH, J.: Zur Methodik der Gliederung geochemischer Landschaften in den Kulturlandschaften der DDR. – Berlin: Zent. Geol. Inst. 1982
WEBB, J. S.: The Wolfson Geochemical Atlas of England and Wales. – Oxford: Clarendon Press 1978

Die sedimentologischen Leithorizonte im Saxon im Nordteil der DDR

Kurzbericht[1])

LOTHAR BEHRENDT, Berlin

Veröffentlichung Nr. 20/90 aus dem Zentralen Geologischen Institut

Die Erkundungsarbeiten auf Kohlenwasserstoffe haben im Bereich der Mitteleuropäischen Senke einen Komplex von Daten geliefert, der es erlaubt, neben der vorliegenden Schichtengliederung des Saxons (KATZUNG, SIGENEGER u. a. 1977) eine kleinere stratigraphische Kategorie von Horizonten vorzustellen. Die fossilarme, vorwiegend klastische Rotsedimentabfolge des oberen Profilabschnittes des Saxons, die Elbe-Folge (von unten nach oben Rambow-, Eldena-, Peckensen- und Mellin-Schichten), zeigt ein Sedimentprofil, das sich in Zyklen gliedern läßt (Tabelle). Es wird dabei auf die Kleinzyklen außerhalb der Rambow-Schichten in der Dimension bis zu mehreren Dekametern Bezug genommen.

Im Raum Altmark, Mecklenburg und West- bis Ostbrandenburg, d. h. im Bereich der Mitteleuropäischen Senke, wurden in bestimmten Niveaus laminierte (eng ebenschichtige) klastische und chemogene Sedimente angetroffen. Diese ließen sich als verhältnismäßig geringmächtige Lagen in zyklenteufenäquivalenter Position in einander benachbarten Profilen wiederfinden (sedimentologische Leithorizonte; Laminite nach den oben genannten Autoren). Diese niveaubeständigen Horizonte wurden ein Hilfsmittel für die Identifizierung und Abgrenzung der klastischen Zyklen und umgekehrt.

Zu den petrographischen Merkmalen dieser Leithorizonte zählen: „bunte", im Millimeter- bis Zentimeter-Bereich laminierte Folgen von Siltstein, Tonstein (z. T. mit hohem Calcitgehalt), Kalkstein, Dolomitstein, Anhydritstein sowie synsedimentäre Brekzien und (wenn zusammen mit den o. g. Gesteinen vorkommend) Halitpseudomorphosen bis Halitlagen. Diese Horizonte bestehen oft aus einer Vielzahl von Einzelbänken (Dimension: Dezimeter- bis über Meter-Bereich), zusammengefaßt bis über einen Dekameter-Bereich. Zwischen diesen Einzelbänken sind flaserschichtige Silt- und Tonsteine, deren Mächtigkeit die der Leithorizonte übersteigen kann, zu beobachten. Unter einer „bunten" Folge versteht man einen engen Wechsel von Braun- und Grüntönen, z. T. auch von verschiedenen Brauntönen sowie Grau- bis Schwarztönen.

Die Leithorizonte sind fast nur in gekernten Profilabschnitten nachzuweisen, da diese im Bereich der Siltstein-Tonstein-Serien auftreten und sich infolge ihrer generell zu verzeichnenden petrographischen Ähnlichkeit zu ihrer Umgebung in der Bohrlochmessung nicht abheben. Ausnahmsweise markierten sich einige dieser Horizonte in einem Falle in N-Mecklenburg im Unterkante-Log. Die Halitbänke sind beim Dichte- und Gamma-Log durch Linksausschläge, beim Kaliber-Log durch Rechtsausschläge charakterisiert (Abbildung).

Tabelle. Klastische Rotsedimentabfolge des oberen Profilabschnittes des Saxons

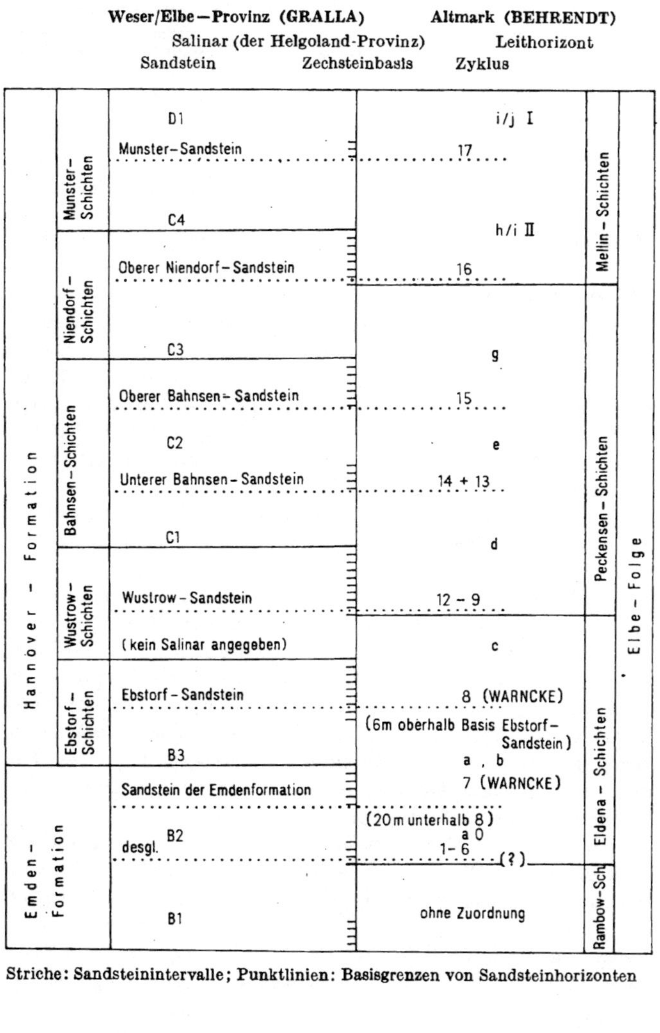

Striche: Sandsteinintervalle; Punktlinien: Basisgrenzen von Sandsteinhorizonten

---

Eingang des Manuskripts in der Redaktion: 12. 9. 1989

[1]) An dieser Stelle wird eine Kurzfassung der Ergebnisse der gleichlautenden umfassenden Arbeit publiziert, die in der Z. geol. Wiss. erscheint.

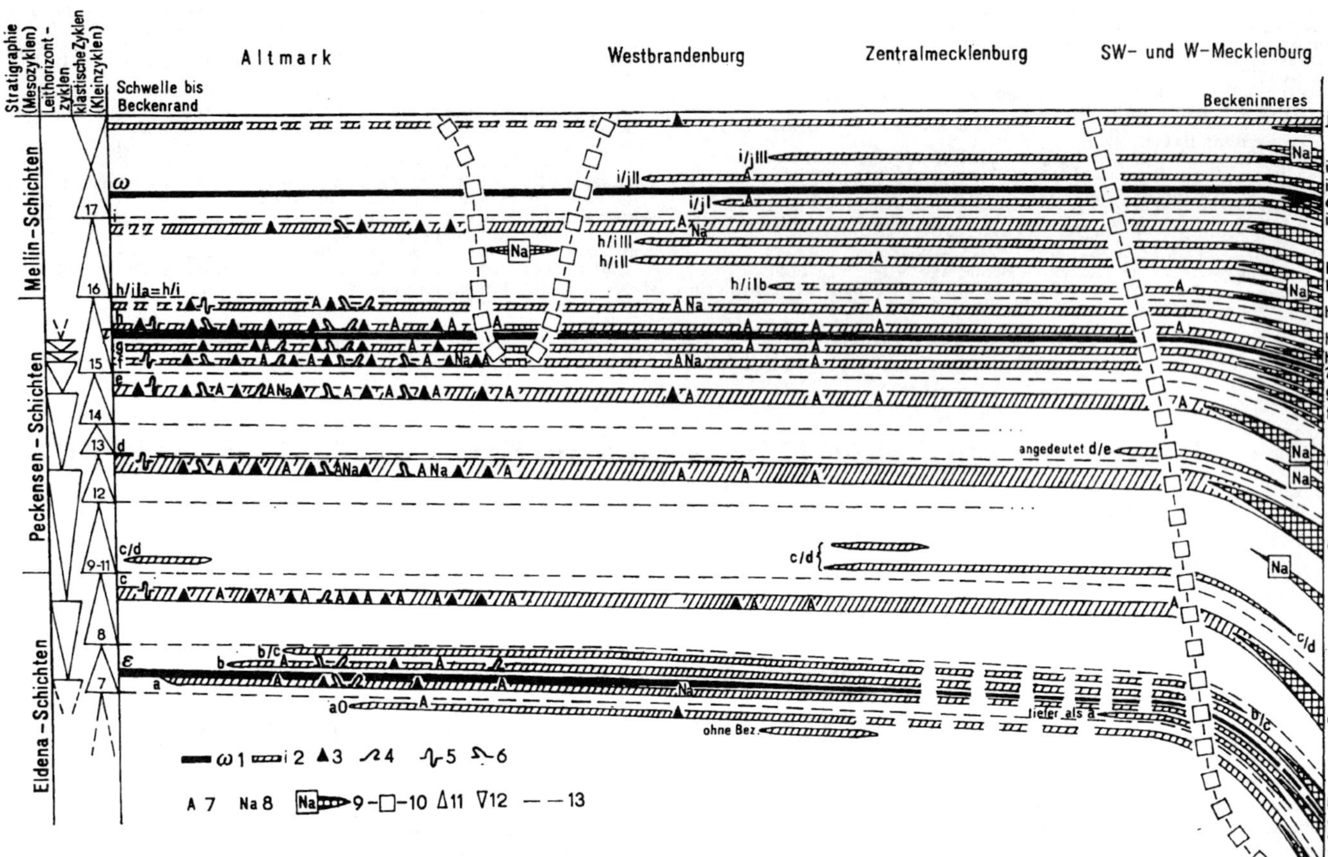

Abbildung. Übersicht über die Leithorizonte im Saxon (schematisch, ohne Maßstab)
1 – markanter Tonsteinhorizont; 2 – Leithorizont; 3 – synsedimentäre Brekzie; 4 – allgemein deformierte Schichtung; 5 – rutschdeformierte Schichtung; 6 – Gleitfalte; 7 – Anhydritsteinlage; 8 – Halitpseudomorphosen; 9 – Halitnester und -lagen; 10 – schematisierte Basisgrenze der Halitfazies; 11 – progressiver Zyklus; 12 – rezessiver Zyklus; 13 – Basisgrenze klastischer Zyklen (z. T. zusammengefaßt); h/iIa = h/i

Die Horizonte tragen von unten nach oben fortschreitend die Bezeichnungen a bis j (stratigraphischer Bereich: Eldena- bis Mellin-Schichten). Im Verlauf weiterer regionaler Untersuchungen zusätzlich nachgewiesene Leithorizonte tragen Zwischenbezeichnungen, römische Zahlen oder weitere Kleinbuchstaben. Derartige Horizonte gelten wie die „Stammhorizonte" als selbständige Leithorizonte. Der tiefste korrelierbare Horizont wird a 0 genannt und befindet sich im höchsten Teil der Zyklen 1 bis 6 (Eldena-Schichten). Der höchste Horizont (j) tritt ca. 5 m unterhalb der Zechsteinbasis auf. Jeder Horizont besitzt eine bestimmte Position im Rahmen eines klastischen Zyklus.

Tiefere Horizonte treten bereits im obersten Teil der Rambow-Schichten, lithologische Vorstufen in den Mirow-Schichten (Havel-Folge) auf.

Diese Horizonte zeigen in bezug auf zyklische Materialtrends ein umgekehrtes Verhalten als die an der Basis gröberes Material führenden progressiven klastischen Zyklen (Sohlbankzyklen). Diese als Leithorizontzyklen zu bezeichnenden Profilabschnitte sind durch das Auftreten von chemogenem Material im unteren Profilteil und dem Vorkommen von Klastika im oberen Profilteil charakterisiert. Diese Zyklen nehmen z. T. den Umfang mehrerer klastischer Zyklen ein (Dimension: bis zu mehreren Dekametern).

Durch den gegensätzlichen Materialtrend bedingt gehen die Grenzen beider Zyklenarten einander nicht konform. Darauf beruhen auch die prinzipiellen Unterschiede der stratigraphischen Gliederungen im höheren Saxon der DDR im Verhältnis zu denen der BRD (Helgoland-, Weser/Elbe- und Südhannover-Provinz). Die bei GRALLA (1988) angegebene Schichteneinteilung der Hannover-Formation basiert auf rezessiven Zyklen im Sinne der Leithorizontzyklen der vorliegenden Arbeit.

Aus der vorangestellten Tabelle ist ersichtlich, daß die Leithorizonte mit Halitbänken verknüpft sein können. Im zentralen Beckenbereich (W- und SW-Mecklenburg mit Ausläufern bis zur nördlichen Altmark, lokal in der südlichen Altmark) ist dies der Fall (außer den Horizonten „tiefer als a", b/c, c/d und j). Die Halitbänke können unterschiedliche Profilabschnitte der Leithorizonte einnehmen oder diese selbst geringmächtige Begleitschichten der Salzbänke je nach Anteil des Halits am Schichtaufbau bilden. Diese Horizonte können auch vollkommen durch Halit repräsentiert sein. Diese Bänke sowie auch ein Teil der Halitpseudomorphosen treten auch außerhalb des Niveaus der Leithorizonte in feinklastischen Folgen auf (oberhalb des Niveaus c/d, vor allem in den Zyklen 15–17). Durch die Einschaltung der Halitbänke kommt es im erwähnten Mecklenburger Raum zu Profilaufweitungen. Die karbonatisch-anhydritischen Leithorizonte sind nur dort als laterale Vertreter der Halitbänke anzusehen, wo im Bereich der Halitfazies (stratigraphisches Niveau der Bänke: Eldena- bis Mellin-Schichten; des Halitzements: ab Basis Rambow-Schichten, jeweils auf den Halitkomplex in der Elbe-Folge — nicht denjenigen der Havel-Folge — bezogen) beide zusammen zu beobachten sind. Ansonsten vertreten sich beide nicht.

Die Herkunft des Halits läßt sich aus der paläogeographischen Situation im Oberkarbon und Perm ableiten. Nach HASZELDINE (1984) entstand durch das Auseinanderdriften Grönlands von Norwegen im Nordatlantik im Westfal A/B eine schmale

Meeresstraße, von der aus vom Rotliegenden ab eine Verbindung zur Mitteleuropäischen Senke bestand. Die Konfiguration dieses Beckens ist im Rotliegenden dieselbe wie im Zechstein, nur mit dem Unterschied, daß der Flächenanteil der marin beeinflußten Sedimente im Rotliegenden geringer als im Zechstein war. Einer Mitteilung A. O. LUDWIGs zufolge erfolgte nach Ergebnissen von delta 13 C- und delta 18 O-Untersuchungen an Karbonaten die Ausscheidung des Saxonsalinars unter marinen bis hypersalinaren Bedingungen. Im Gegensatz zum Zechstein hätten im Saxon nur Flachwasserbedingungen geherrscht (Ursache: mit der Senkung Schritt haltende klastische Auffüllung des Beckens).

Die karbonatisch-sulfatischen, mehr oder weniger halitischen Horizonte repräsentieren entsprechend der Abscheidungsfolge der chemogenen Sedimente größere Zeiträume als die rein halitischen Lagen außerhalb der Leithorizonte. Die oben angesprochene Buntfärbung spricht für ein reduzierendes Milieu, d. h. eine vom Ozean nachträglich abgeschnürte flache Wasserfläche mit stagnierenden Strömungsverhältnissen. Der Ort dafür ist ein kontinentales Becken mit geringen Reliefunterschieden unter aridem Einfluß bei einem Minimum an klastischer Materialschüttung. Die Leithorizonte dokumentieren trotz ihrer geringmächtigen Ausbildung durch ihr niveaubeständiges Aushalten über mehrere hundert Kilometer hinweg die ursprünglich marine Herkunft ihrer Evaporite. Diejenigen Halithorizonte, die sich nicht in das System der Leithorizonte einbinden lassen und keine Karbonate und Sulfate führen, stellen dagegen möglicherweise sekundäre kontinentale Salzausscheidungen dar. Diese treten erst im Spätstadium der Salinarentwicklung im Becken (ab oberhalb des Leithorizontes c/d) auf, und zwar als Bildungen in relativ eng begrenzten Salzpfannen, die keine Verbindung zu anderen Evaporitvorkommen hatten.

Die rotbraunen Feinklastika unterhalb und oberhalb der Leithorizonte entstammen den höher gelegenen Regionen dieses Beckens. Der Schüttung dieses Materials entsprechen Hebungsvorgänge an seinem S- und N-Rand, die sich infolge der gesteigerten Reliefenergie zu fluviatilen Sandschüttungen entwickelten (z. B. Sandsteinkomplex der Zyklen 9—11). Die klastische Materialschüttung ließ nach dem Ausgleich des Reliefs (auch infolge verminderter tektonischer Aktivität) nach, so daß der nächste Ablagerungszyklus eines Leithorizontes beginnen konnte. Auf Grund der relativ scharfen Grenze zwischen den klastischen und den chemogenen Sedimenten an der Basis der Leithorizonte muß mit einem verhältnismäßig kurzzeitigen Ende der klastischen Materialzufuhr gerechnet werden.

Die Gesteinsabfolgen der Rambow-Schichten (örtlich mit den o. g. nicht korrelierbaren Leithorizonten sowie lithologischen Vorläufern derselben bereits in den Mirow-Schichten der Havel-Folge) und Eldena-Schichten sind bis zur Basis des Horizontes a 0 fast ausschließlich kontinental (fluviatil, z. T. äolisch) geprägt. Der Profilabschnitt der Elbe-Folge darüber ist durch einen Wechsel zwischen kontinentalen fluviatilen bis lakustrischen Bildungen (generell schlecht klassierte Silt- und Tonsteine und Sandsteine bzw. die tonigen Litholeithorizonte omega, tau und epsilon) mit geringmächtigen marinen Ingressionsbildungen (karbonatisch-sulfatisch-halitische Leithorizonte) charakterisiert. Insgesamt läßt sich sagen, daß der obere Teil der Elbe-Folge des Saxons ab Horizont a 0 den Übergangsbereich der kontinentalen Fazies des höheren Teiles der Havel-Folge und des tieferen Teiles der Elbe-Folge zur marin-epikontinentalen Fazies des Zechsteins darstellt.

Literatur

GRALLA, P.: Das Oberrotliegende in NW-Deutschland — Lithostratigraphie und Faziesanalyse. — Geol. Jahrb., Hannover A **106** (1988) S. 3—59

HASZELDINE, R. S.: Carboniferous North Atlantic palaeogeography: stratigraphic evidence for rifting, not megashear or subduction. — Geol. Mag., Glasgow **121** (1984) 5, S. 443—463

KATZUNG, G.; SIGENEGER, W.-D.; WARNCKE, D. u. a.: Die Saxongliederung im Zentralabschnitt der Mitteleuropäischen Senke. — Z. angew. Geol., Berlin **23** (1977) 11, S. 559—561

Deutscher Arbeitskreis für Mathematische Geologie und Geoinformatik

Im Rahmen der vielfältigen Aufgaben, an deren Lösung im Interesse eines möglichst raschen Zusammenwachsens der beiden deutschen Staaten Wissenschaftler aller Fachdisziplinen beteiligt sein werden, kommt auch den Geowissenschaften eine wichtige Rolle zu (Erkundung und Gewinnung von Rohstoffen, Boden- und Gewässerschutz, Raumplanung usw.). Unter dem Eindruck der technologischen Entwicklungen der 80er Jahre sehen sich die Geowissenschaften jedoch in zunehmendem Maße mit dem Problem konfrontiert, eine Vielzahl heterogener Datenbestände optimal auszuwerten bzw. zu bewerten. Moderne Möglichkeiten von Geo-Informationssystemen, der digitalen Auswertung von Satellitendaten, des Einsatzes von EDV-Lagerstättenmodellen werden auf der Ebene von Behörden im Rahmen der vielfältigen Aufgaben genutzt. In der geowissenschaftlichen Praxis in großen Unternehmen, aber auch in kleinen Ingenieurbüros und Softwarehäusern hat sich die Bedentung des Rechnereinsatzes in ähnlicher Weise manifestiert.

Anhand dieser Entwicklungen läßt sich deutlich machen, daß sich im Rahmen des Berufsfeldes des Geowissenschaftlers ein neues, attraktives Berufsfeld entwickelt hat, welches derzeit mit sehr guten praktischen Einstiegschancen verknüpft ist: Diese bislang nicht absehbaren Entwicklungstendenzen der „Geoinformatik" erfordern vor allem rasche Reaktionen im Bereich der Aus- und Weiterbildung, des interdisziplinären wissenschaftlichen Erfahrungsaustausches sowie des verbesserten Informationsflusses zwischen Computer-Herstellern, Software-Entwicklern und geowissenschaftlichen Anwendern. Dabei werden von seiten beider deutscher Staaten Erfahrungen mit unterschiedlichen Schwerpunkten eingebracht, die sich optimal ergänzen.

Unter diesen Rahmenbedingungen konstituierte sich am 6. März 1990 in Magdeburg das Vorbereitungskomitee für einen *„Deutschen Arbeitskreis für Mathematische Geologie und Geoinformatik"*, dem Fachleute aus beiden deutschen Staaten angehören und der spätestens 1991 seine Tätigkeit aufnehmen soll. Erstes Ziel einer unverzüglich durch das Komitee aufzunehmenden Arbeit muß zunächst eine Standortbestimmung der Mathematischen Geologie und Geoinformatik sein. Diese Standortbestimmung soll die Grundlage für alle zukünftigen Überlegungen und Aktivitäten bilden, in die weitere Fachleute (z. B. Informatiker, Angehörige von Behörden und Industriebetrieben, Computer-Hersteller) einbezogen werden sollen. Zu den erweiterten Aufgaben des Arbeitskreises sollen gehören:

- eine Berufsfeldanalyse, die sich an den Aufgaben der Geoinformatik in der Praxis (Behörden, Betriebe, Büros) orientiert;
- Koordination der Aus- und Weiterbildung, die sich wiederum auf die Ergebnisse der Berufsfeldanalyse im Rahmen der geowissenschaftlichen Studienpläne der deutschen Hochschulen stützt;
- Informationsaustausch laufender Forschungsprojekte, Koordination zukünftiger Forschungen unter Berücksichtigung internationaler Entwicklungen, Ausrichtung interdisziplinärer Seminare und Workshops unter Einbeziehung von geowissenschaftlichen Anwendern in Hochschulen, Behörden und Industrie sowie von Computer- und Software-Herstellern
- Information über geowissenschaftlich relevante Entwicklungstendenzen der Informatik, der Computer-Industrie und der Software-Hersteller.

Der Arbeitskreis wird Überlegungen hinsichtlich seiner möglichen Organisationsform im Rahmen einer Reorganisation geowissenschaftlicher Verbände in einem zukünftigen gemeinsamen Deutschland anstellen.

Kontaktpersonen:

Dr. sc. Jan Harff
Akademie der Wissenschaften der DDR, Zentralinstitut für Physik der Erde
Telegrafenberg A 51
DDR-1561 Potsdam

Prof. Dr. Wolfdietrich Skala
Freie Universität Berlin, Institut für Geologie (—Mathematische Geologie/Geoinformatik—)
Malteserstr. 74—100
D-1000 Berlin 46

Lagerstättenbildung in Teilgebieten der Mitteleuropäischen permokarbonischen Erdgasprovinz

Tatjana Bandlowa, Berlin

Veröffentlichung Nr. 21/90 aus dem Zentralen Geologischen Institut

Einleitung

Die Klärung der Gesetzmäßigkeiten von Erdöl-Erdgasbildung und -akkumulation sowie die wissenschaftliche Prognostizierung der Erdöl-Erdgasführung sind nur bei Kenntnis der vielfältigen geologischen Fakten und Energiequellen, die diesen einheitlichen Prozeß in seinen unterschiedlichen Entwicklungsstadien bestimmen, möglich.
Die Energiequellen können in äußere und innere unterteilt werden. Zu den inneren Energiequellen zählen chemische und biochemische Quellen, die über physikochemische und molekulare Prozesse wirksam werden und in der organischen Substanz, in den Kohlenwasserstoffen und in den sie enthaltenden Gesteinen ablaufen.
Es kann festgestellt werden, daß die inneren Energiequellen im Prozeß der Erdöl-Erdgasbildung eine sehr bedeutende Rolle spielen können. Dieses Problem erfordert aber weitere Untersuchungen. Zu den äußeren Energiequellen gehören geotektonische Prozesse verschiedener Formen und Erscheinungen, das Gravitationsfeld, ein erhöhtes Wärmefeld, die Kräfte beweglicher Fluide, die thermodynamische Energie, gravitationsbedingte elektrokinetische Kapillarkräfte u. a.
In der vorliegenden Arbeit wird der Einfluß von äußeren Energiequellen in Form geotektonischer Prozesse auf die Bildung von Erdgas bzw. Erdgas-Lagerstätten behandelt.

Ablauf, Intensität und Richtung der geotektonischen Entwicklung einzelner Regionen, die sich vorrangig in der Geschichte von Senkungs- und Hebungsbewegungen, der Ausbildung tektonischer Störungen und Strukturen verschiedener Größenordnung sowie in der Diagenese der Speichergesteine ausdrücken, beeinflussen in erheblichem Maße das Potential der Erdgasführung.
Die Untersuchung der Absenkung und des Eintrittes der Erdgas-Muttergesteine des Karbons in bestimmte Temperatur-Druck-Zonen gestattet, die Besonderheiten der Erdgasbildung sowie die Qualitätsveränderungen von Speicher und abdeckenden Schichten zu klären. Die Hebungsabläufe einzelner Regionen und die Ausbildung großer lokaler Strukturen sind der direkte Schlüssel zum Verständnis der Lagerstättenbildung.
Nachfolgend werden einige bedeutende Erdgas-Lagerstättengebiete der Mitteleuropäischen Erdgasprovinz hinsichtlich der tektonischen Aspekte der Gasbildung und Lagerstättenbildung beschrieben (Abb. 1).

Nordsee-Anteil der Mitteleuropäischen Erdgasprovinz

Im Nordsee-Anteil der Provinz werden zwei spezielle, durch tektonische Störungszonen abgegrenzte Becken ausgehalten: das Sole Pit-Becken (Blöcke 48 und 49 des englischen Sektors) und das Broad Fourteens-Becken (Blöcke K, L, P und Q des niederländischen Sektors). Die Bildung der meisten Erdgas-Lagerstätten im Nordsee-Anteil der Provinz ist mit der mesozoisch-känozoischen Entwicklung dieser Becken verbunden.

Eingang des Manuskripts in der Redaktion: 18. 12. 1989

Sole Pit-Becken

Das Sole Pit-Becken hat eine NW—SE-Streichrichtung und ist ca. 140 km lang und ca. 30 bis 35 km breit. Das Becken begann sich durch eine intensive Absenkung schon im Perm abzusondern. Diese Entwicklung dauerte bis zur Kreide an. Die Rotliegend-Unterkante senkte sich in der zentralen Zone von Sole Pit am Ende der Kreide auf Teufen von 4500 bis 4700 m ab. Die Randbereiche dagegen lagen etwa 2000 m höher (Abb. 2 und 3). Im Zentrum des Sole Pit-Beckens gelangten die kohleführenden Erdgas-Muttergesteine des Oberkarbons schon im frühen Jura in die Zone der intensiven Gasbildung („gas window"). Das dabei freigesetzte Gas migrierte in die Randbereiche des Beckens und akkumulierte sich in den Speichern der Rotliegend-Strukturen.
Neuere Untersuchungen haben gezeigt, daß die Inversionsbewegungen entgegen früheren Vorstellungen in verschiedenen Teilen der gesamten Mitteleuropäischen Senke nicht synchron verliefen. So entwickelte sich das Sole Pit-Becken auch nicht einheitlich. Es zeichnet sich eine deutliche Differenzierung bezüglich Intensität der Absenkung und Zeit der Inversionsbewegungen ab (Glennie 1984; Walker & Cooper 1987).
Im nordöstlichen Teil begann die erste Inversionsetappe im Alb (austrische Phase), weitere Aufstiegsbewegungen fielen auf das Maastricht (laramische Phase) sowie das Oligozän und Miozän.
Der tektonische Bau des Nordostens des Sole Pit-Beckens ist durch bedeutende Tiefenstörungen mit listrischen Flächen geprägt. Diese Brüche reichen bis in das Fundament. Als wichtigste Störungszone ist die Swarte Bank Hinge Line zu nennen.
In den durch Störungen begrenzten Strukturen konnten sich durch Strahlmigration sowie infolge der Freisetzung von Gas im Verlauf der Aufstiegsbewegungen mehrere Erdgas-Lagerstätten bilden, wie z. B. Valiant, Victor, Brocken Bank, 49/16-7, Audrey, Galleon, u. a. Das gesamte Gebiet ist tektonisch im starken Maße gestört. Möglicherweise ist das auch die Ursache für die relativ geringen Lagerstättenvorräte.
Am südöstlichen Rand des Sole Pit-Beckens fanden intensive Inversionsbewegungen auch während der austrischen Phase statt (etwa Alb). Die Hebungsamplitude beträgt bis zu 1200 m. Es kam zur Bildung der zweitgrößten Erdgas-Lagerstätte der Nordsee, der Lagerstätte Indefatigable mit initialen Vorräten von ca. 185 Mrd. m^3 (Schöneich 1981). Erste Aufstiegsbewegungen im S-Teil des Sole Pit-Beckens werden jungkimmerisch, d. h. an der Wende Jura—Kreide datiert. Ein weiterer Aufstieg mit einer Amplitude bis zu 1500 m fand am Ende der Kreide statt. Damit waren die Voraussetzungen für das Freisetzen von Gas und die Bildung der größten Nordsee-Lagerstätte Leman mit initialen Vorräten von 350 Mrd m^3 gegeben.
Die Inversion im zentralen Teil des Sole Pit-Beckens an der Wende Kreide—Känozoikum (subherzyne Phase) und die Herausbildung neuer positiver Strukturen im Bereich des Sole Pit-Hochs führten zur Umverteilung der Erdgase. Es bildete sich eine Reihe neuer Erdgas-Lagerstätten im Zentral-

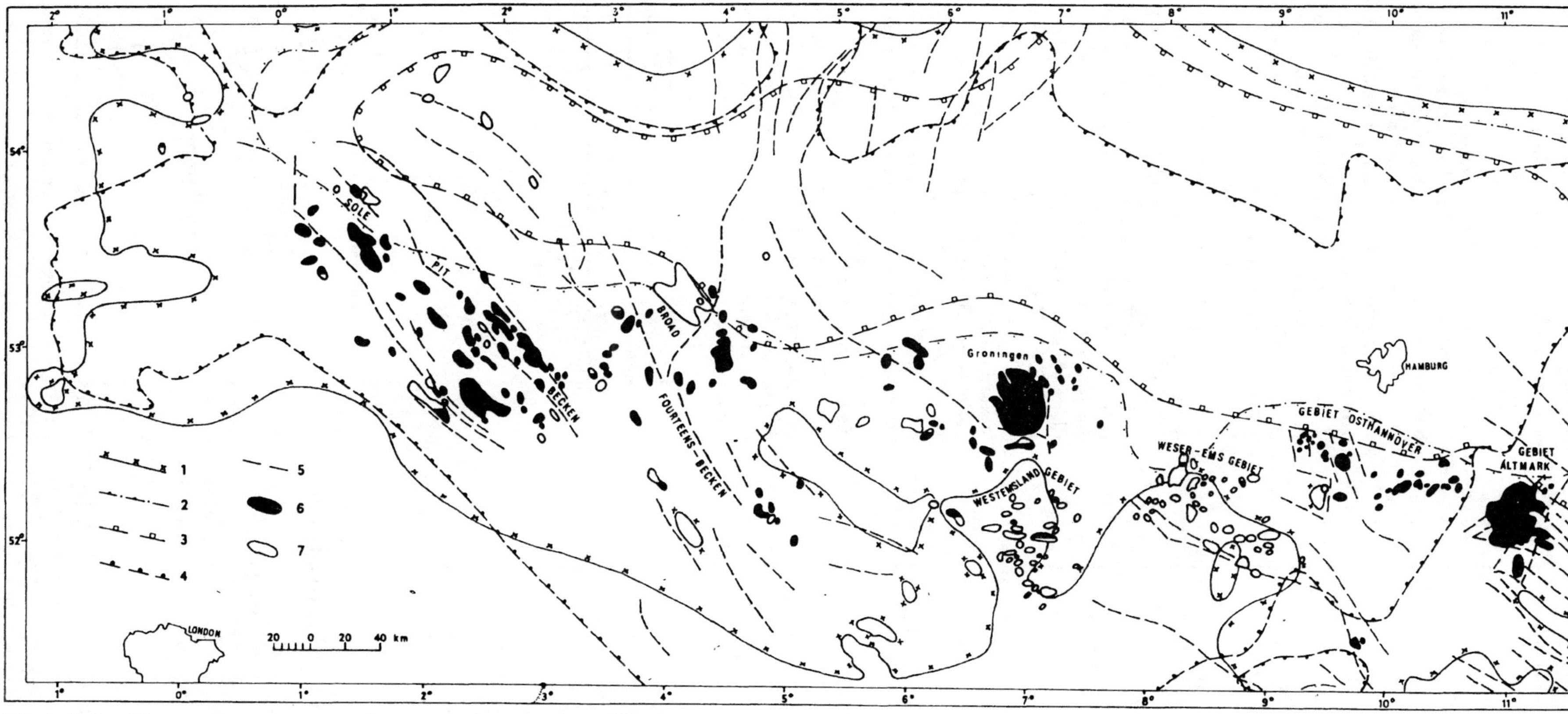

Abb. 1. Erdgas-Lagerstätten und -gebiete des Karbon-Perm-Komplexes der Mitteleuropäischen Senke

Legende: 1 — Verbreitung Saxon (z. T. sekundär), 2 — Verbreitung Primärspeicher im Saxon, 3 — Verbreitung Rotliegendsalinar, 4 — Verbreitung kohleführendes Oberkarbon, 5 — regionale Störungen, 6 — Erdgas-Lagerstätten im Saxon, 7 — Erdgas-Lagerstätten im Siles und/oder Zechstein, Buntsandstein, lokal Kreide.
1, 2, 4, 5 — unter Anwendung der Ergebnisse des IGCP-Projektes 86 „SW-Rand der Osteuropäischen Tafel"

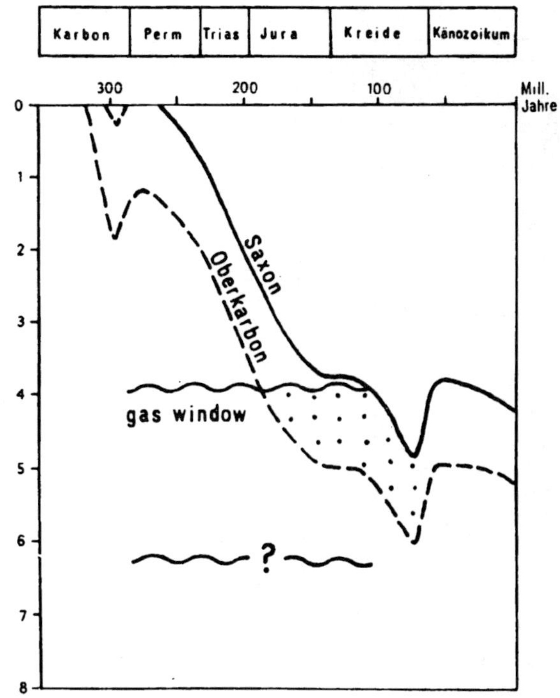

Abb. 2. Versenkungsdiagramm Sole Pit-Becken (Zentralteil)
Legende: ·.· – Hauptphase der CH_4-Bildung

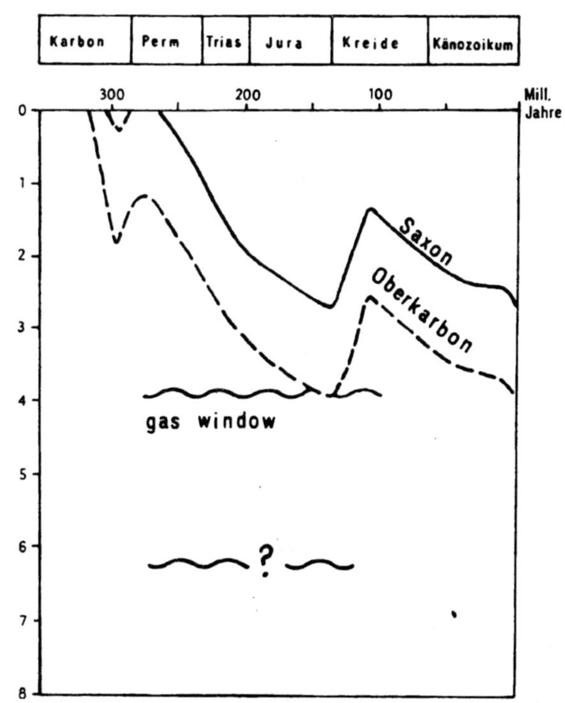

Abb. 3. Versenkungsdiagramm Gebiet östlich des Sole Pit-Beckens

teil des Sole Pit-Beckens: Vulkan, Clipper, Barque, Hoton, Hyde, Ravenspurn, West Sole.
Die vorausgegangene tiefe Absenkung der zentralen Gebiete hatte sehr intensive Diageneseveränderungen der Sandsteine des Saxons zur Folge.

Broad Fourteens-Becken

Östlich vom Sole Pit-Becken liegt ein weiteres, tektonisch abgegrenztes Gebiet mit einer ebenfalls eigenständigen tektonischen Entwicklung (OELE, HOL & TIEMENS 1981; VAN WIJHE 1987). Es handelt sich um das Broad Fourteens-Becken im niederländischen Sektor der Nordsee (Blöcke K, L, P, Q). Das Becken besitzt auch eine NW—SE-Streichrichtung, ist ca. 120 km lang und ca. 50 km breit. Seine Absonderung als selbständiges Becken begann in der frühen Trias als Folge von Krustenerweiterungsprozessen (ZIEGLER 1982), wobei es zu einer starken Absenkung in der Trias und im Jura kam. Eine besondere tektonische Instabilität folgte an der Wende Jura—Kreide (jungkimmerische Phase). Es bildeten sich tektonisch abgegrenzte Gräben und Randhochs im Ergebnis krustaler Disjunktionen.
Die Störungszonen haben eine variszische Anlage und wurden mesozoisch wieder aktiviert. Die Sedimentation wurde unterbrochen, und die Randhochs konnten teilweise bis zum Perm bzw. bis zur Trias erodiert werden. Dabei blieb in den zentralen Gräben eine bis zu 3000 m mächtige mesozoische Sedimentfüllung erhalten.
Die Erdgas-Muttergesteine des Oberkarbons (Westfal), die in Abhängigkeit von der Intensität der saalischen Inversion unterschiedliche Mächtigkeiten (von 1000 bis über 2000 m) zeigen, kamen schon während der Trias in die Bereiche starker Erdgasbildung. Infolge der Inversion der Ränder konnten sich mehrere Erdgas-Lagerstätten im Zuge des Freiwerdens der wassergelösten Gase sowie der Gasmigration in freien Phasen bilden. Zu solchen Randlagerstätten gehören die Felder K13, K15, K8, L16, L10 u. a. Die Buntsandstein-Lagerstätte K13 ist an eine aktive Randstörung gebunden, welche wahrscheinlich eine vertikale Migration des Gases in die Speicher des Buntsandsteins ermöglichte. In zentralen Teilen des Beckens befanden sich die Erdgas-Muttergesteine bis zum Ende der Kreide im Bereich des „gas window", was das Nachfüllen der Randstrukturen mit Erdgas begünstigte (Abb. 4).
Kompressions-Streßdeformationen in der späten Kreide (laramische Phase) und im Tertiär (jüngeres Eozän) hatten zu einer starken Inversion der zentralen Teile des Beckens mit Amplituden bis zu 2000 bis 3500 m geführt. Das Saxon gelangte dabei in das gleiche Teufenniveau wie vor der Absenkung in der Trias. Die das Becken begrenzenden Störungen

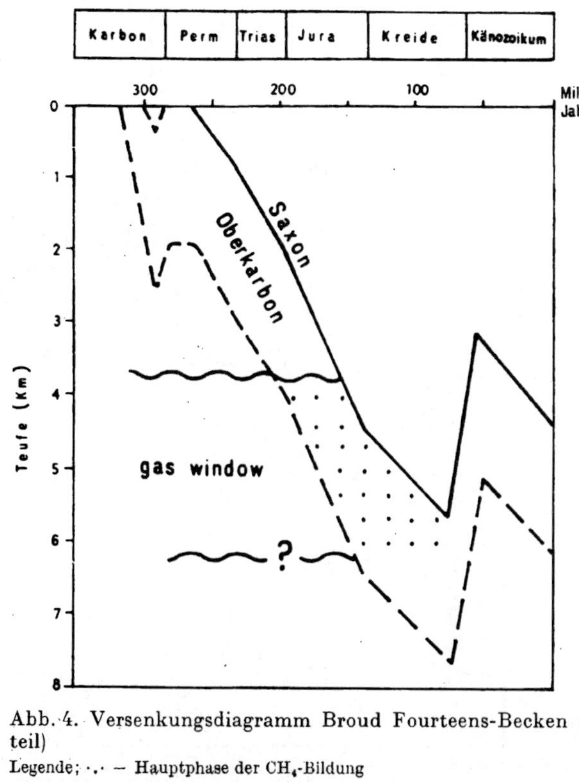

Abb. 4. Versenkungsdiagramm Broud Fourteens-Becken (Zentralteil)
Legende: ·.· – Hauptphase der CH_4-Bildung

wurden wieder aktiv und entwickelten sich teilweise als Überschiebungen. Die positiven Strukturen alter Anlagen wurden modifiziert. Es kam zur Umverteilung des Gases. Neue Strukturen wurden mit dem freigesetzten Gas gefüllt. Zu diesem Zeitpunkt haben sich wahrscheinlich die Lagerstätten K17, K14-FA, P6 u. a. gebildet. Die Erdgas-Muttergesteine des Oberkarbons innerhalb der inversen zentralen Zone des Beckens gelangten im Verlauf der weiteren Absenkung nicht mehr in die Teufenbereiche mit einer möglichen Nachinkohlung. Außerhalb der inversen Zone hat sich die Gasbildung während des Känozoikums erneut fortgesetzt. Durch Migrationsprozesse konnten sich dann Lagerstätten, die innerhalb oder in der Nähe der Gasbildungsgebiete liegen, voll mit Gas füllen.

Gebiet Groningen

Im regionalen tektonischen Bild der nordöstlichen Niederlande dominiert das positive Element des Nordniederländischen Hochs. Die Großlagerstätte Groningen liegt auf einer speziellen Aufwölbung (Groningen-Hoch) innerhalb dieser Struktur. In einem tieferen Stockwerk des Groningen-Hochs wird durch Aeromagnetik und Inkohlungsareale ein Intrusivkörper, das sog. „Ostgroninger Massiv" indirekt nachgewiesen.
Es gibt unterschiedliche Ansichten betreffs seines Alters. VAN WIJHE, LUTZ & KAASCHIETER (1980) nehmen Unterrotliegendalter an, KETTEL, DEVAY u. a. (1984) sehen dagegen das Aufdringen dieses Intrusivkörpers im Zusammenhang mit jungkimmerischen Bewegungen an der Wende Jura/Kreide. Es gibt Faktenmaterial, das diese letztgenannte Annahme stützt.
Das Groningen-Hoch ist eine Struktur alter Anlage. Erstmalig ist sie im Karbon nachweisbar. Eine starke tektonische Aktivität mit aufsteigenden Tendenzen, die 700 bis 1000 m erreichen, ist hier an der Wende Karbon—Perm zu verzeichnen (jungvariszische Bewegungen). Im Rotliegenden zeichnet sich eine relative Hochlage ab. Die Abgrenzung gegen Nordosten und Osten ist deutlich. Im Zechstein und in der Trias vollzog sich eine Absenkung.
Die altkimmerische Hebung mit einer Amplitude von ca. 400 m führte zu einer Absonderung des Gebietes. Aus den südwestlich und östlich (Ems-Senke) angrenzenden Gebieten, in denen die gasproduzierenden Schichten des Oberkarbons schon in den Bereich der intensiven Methanbildung (ab Jura) abgesunken waren, könnte die laterale Migration des Gases in das Gebiet von Groningen erfolgt sein. Mit der altkimmerischen Hebung wurde das Oberkarbon in diesem Gebiet wieder aus dem Bereich des „gas window" herausgehoben. An die jungkimmerische Phase (Malm bis Unterkreide) ist die Hauptperiode der Strukturbildung von Groningen geknüpft.
Durch intensive Aufstiegsbewegungen, deren Amplitude etwa 900 m erreichte, werden Jura, Keuper, Muschelkalk und der Obere Buntsandstein abgetragen. So entsteht ein positives Element mit einer Amplitude von 400 m. Es wird angenommen (KETTEL, DEBAY u. a. 1984), daß die Erdgas-Muttergesteine des Oberkarbons im unmittelbaren Lagerstättengebiet Groningen infolge Aufheizung durch den Intrusivkörper des „Ostgroninger Massivs" in den Bereich einer intensiven Gasbildungsphase gelangten (Abb. 5). An der Wende Jura—Kreide lag das Westfal auch in den nördlich und nordöstlich angrenzenden Gebieten (Nordsee und Emsland-Trog) im Bereich des „gas window". Infolge lateraler Migration in Richtung Groningen, begünstigt durch eine starke Hebung des Gebietes, waren Voraussetzungen für eine Füllung der Struktur mit Inkohlungsgas gegeben. Weitere Inversionen fallen mit der austrischen Phase an der Apt-Alb-Grenze (Amplitude

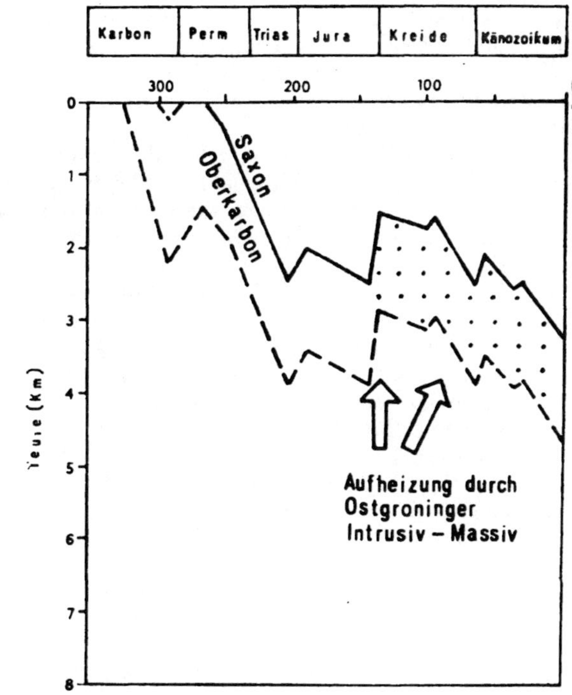

Abb. 5. Versenkungsdiagramm Gebiet Groningen
Legende: ·.· — Hauptphase der CH_4-Bildung

ca. 150 m) und mit der laramischen Phase gegen Ende der Kreide (Amplitude ca. 400 m) zusammen. Zu diesem Zeitpunkt hat auch die Gasmigration aus den südwestlich angrenzenden Bereichen zur Lagerstättenbildung beigetragen, da während der Oberen Kreide auch dort die erdgasproduzierenden Folgen des Oberkarbons in die Bereiche der Gasbildungsphase gekommen waren. Während der känozoischen Absenkung (etwa 1000 m) mit zeitweiligen Hebungsperioden (an der Grenze Unteres und Mittleres Oligozän) hat sich der Inkohlungsprozeß fortgesetzt. Das hatte eine Nachfüllung der Struktur Groningen mit Gas zur Folge.
Die Bildung der Großlagerstätte Groningen (initiale Vorräte von $2400 \cdot 10^{12}$ m³, GLENNIE 1984) wurde also durch folgende Bedingungen wesentlich begünstigt:

— mächtige erdgasproduzierende Schichten, nicht nur im Bereich der Lagerstätte, sondern auch in den angrenzenden Gebieten;
— eine volumenmäßig unbedeutende Gasbildung infolge variszischer Aktivitäten;
— gute Speicherqualität, wenig diagenetische Veränderungen, da keine großen Absenkungen der Speichergesteine im Lagerstättengebiet erfolgten;
— eine zuverlässige Abdeckung durch den Zechstein;
— alte Anlage der positiven Struktur und Herausbildung eines Hochs mit großer Amplitude in mehreren Etappen zur Zeit der intensiven Methanbildung;
— weiträumige Flanken, von denen zu unterschiedlichen Zeiten (ab unterem Jura) kontinuierlich große Gasmengen aufsteigen konnten;
— jüngere Hebungen der Struktur, die zum ständigen Nachfüllen der Struktur mit Gas führten und deswegen die Zerstörung verhinderten.

Lagerstättengebiete zwischen Weser und Ems und Westemsland

Im Gebiet zwischen Weser und Ems handelt es sich um Karbon-, Zechstein- und Buntsandstein-Lagerstätten, deren Gas genetisch hauptsächlich aus dem Inkohlungsgas der oberkarbonischen Erdgas-Muttergesteine stammt (BOIGK & STAHL 1971; TAYLOR 1984).

Die Bildung der Erdgas-Lagerstätten des Gebietes ist eng an die tektonische Entwicklung der Hunte-Schwelle in der Zeit Perm—Trias und des Niedersächsischen Beckens in der Zeit Jura—Kreide im Süden sowie an die Entwicklung des Pompeckj-Blockes im Norden gebunden.

Im Saxon ist der Bereich der Hunte-Schwelle Abtragungsgebiet. Speicher des Rotliegenden fehlen daher vollkommen. In der Trias blieb dieses Gebiet gegenüber den westlich und östlich angrenzenden Senkungsräumen relativ zurück, zeitweilig unterlag es sogar der Abtragung. Als Speicher dienen Basissandsteine der vier Abfolgen des Mittleren Buntsandsteins (BOIGK 1961).

Im Oberen Jura erfuhr das Gebiet eine starke Hebung. In der Unteren Kreide kam es entlang reaktivierter permokarbonischer Bruchsysteme zu einer Rift- und Transversalverschiebungstektonik (BETZ, FÜHRER u. a. 1987). In der Oberen Kreide und im Paläozän vollzog sich im Zentralteil des Niedersächsischen Beckens eine starke Inversion, die für die oberen Sedimentbereiche bis zu 2000 m beträgt. Diese bruchtektonische Aktivität sowie die primäre Hebung im Jura, die nachfolgende Absenkung und die anschließende Inversion haben die Migrationsbahnen für die oberkarbonischen Gase aktiviert und strukturelle Akkumulationsbedingungen geschaffen.

Die oberkarbonischen Muttergesteine lagen im gesamten Gebiet wahrscheinlich ab der Kreide, im nördlich anschließenden Gebiet des Pompeckj-Blockes schon im Jura, im Bereich einer intensiven Methanbildung.

Die Erdgas-Lagerstätten von Westemsland sind ähnlich wie im Gebiet von Weser — Ems an die Speicher des Oberkarbons, des Zechsteins und lokal auch des Buntsandsteins gebunden. Die tektonische Entwicklung wird hier durch das Niederländische Hoch mit fehlendem Rotliegenden bestimmt. Im Mesozoikum gehörte das Gebiet zum westlichen Ausläufer des Niedersächsischen Beckens. Auf die Inkohlungsprozesse des Erdgas-Muttergesteins des Oberkarbons haben die Versenkungsprozesse sowie die Aufheizung durch das Bramscher Massiv im E-Teil des Gebietes gewirkt (KETTEL, DEVAY u. a. 1984). Ab Zechstein erfolgte im Westemsland eine allmähliche Absenkung, die durch altkimmerische und jungkimmerische Hebungen eingeschränkt wird (Abb. 6). Die nachfolgenden subherzyn-laramischen Bewegungen im Niedersächsischen Becken haben zur Strukturbildung wesentlich beigetragen und die Migrationsbahnen für Erdgas in Form von Schwäche- und Störungszonen geschaffen.

Lagerstättengebiet Osthannover

Das Erdgas-Lagerstättengebiet zwischen Elbe und Weser, die „Gasprovinz Osthannover" (PHILIPP & REINICKE 1982) und die Erdgasfelder Ostniedersachsens (JURGAN, DEVAY u. a. 1983), befindet sich im zentralen Teil des Mitteleuropäischen Erdgasprovinz. In den letzten 15 Jahren wurden hier etwa 40 Erdgas-Lagerstätten und Vorkommen in Saxon-Speichern nachgewiesen.

Das Gebiet liegt etwa am südlichen Randabhang des Saxon-Beckens. Die Mächtigkeiten des Saxons schwanken hier zwischen 200 und 600 m. In Teilgebieten wurden auch Ablagerungen des initialen Stadiums des Saxons, die Schneverdingen-Formation, nachgewiesen. Sie haben keine regionale Verbreitung, sondern sind an tektonisch begrenzte Areale gebunden (GRALLA 1988). In Strukturen mit hohen Amplituden können diese überwiegend äolischen Bildungen zusammen mit den Speichern der jüngeren Emden- und/oder Hannover-Formation am gasführenden Stockwerk beteiligt sein.

Im Mesozoikum gehörte das Gebiet zum E-Teil des stabilen Pompeckj-Blockes. Von der altangelegten Altmark-Schwelle wird das Lagerstättengebiet Osthannover durch Trias-Tröge (u. a. Gifhorner Trog) abgegrenzt (BETZ, FÜHRER u. a. 1987).

Das gasgenerierende Oberkarbon wird durch Westfal A, B und C vertreten. Präpermisch wurde das Oberkarbon flachwellig verfaltet und lokal zu mehr als 50% erodiert. Es hat aber seine Eigenschaft als Muttergestein nicht verloren. Die Restmächtigkeit des flözführenden Oberkarbons wird auf 1200 m geschätzt (JURGAN, DEVAY u. a. 1983). Die erneute Inkohlung, die sogenannte Nachinkohlung, begann Ende

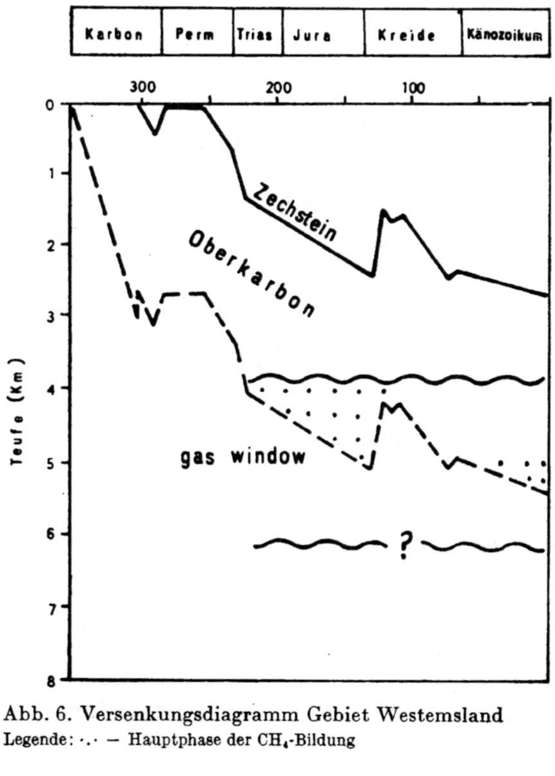

Abb. 6. Versenkungsdiagramm Gebiet Westemsland
Legende: ·.· — Hauptphase der CH_4-Bildung

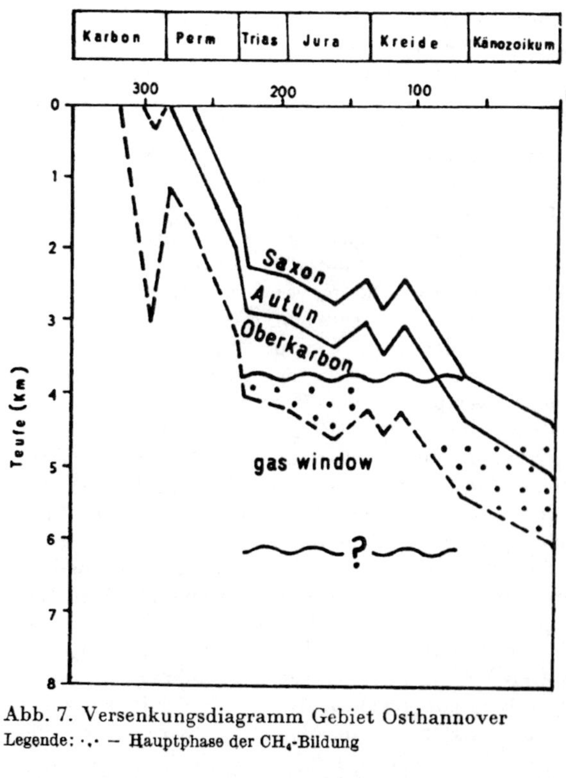

Abb. 7. Versenkungsdiagramm Gebiet Osthannover
Legende: ·.· — Hauptphase der CH_4-Bildung

Perm. Sie wird durch die Hebung an der Wende Jura—Kreide in eine frühe Hauptinkohlung (Perm bis Jura) und eine späte Hauptinkohlung (Oberkreide bis rezent) unterteilt (Abb. 7). Die Hauptphase der Gasbildung beginnt im Gebiet Osthannover Anfang Jura. Es bildete sich das „alte", isotop leichte Gas. Entsprechend den strukturellen Bedingungen migrierte das Gas im Bereich von Wustrow zuerst vertikal bis an die Vulkanit-Basis und dann lateral bis in das Gebiet von Munster, durchdrang hier den Vulkanit und akkumulierte sich in den Speichern des Saxons.

Das in der Oberkreide und im Tertiär gebildete „junge" Gas ist isotop schwer, was mit der fortgeschrittenen Inkohlung im Zusammenhang steht (STAHL in JURGAN, DEVAY u. a. 1983). Zu dieser Zeit ist eine von West nach Ost, d. h. von Munster nach Wustrow gerichtete laterale Migration charakteristisch.

In den nördlich und nordwestlich angrenzenden Gebieten des Beckenzentrums waren schon im Buntsandstein alle Voraussetzungen für eine intensive Gasabspaltung gegeben. Eine Migration nach Süden in Richtung des regionalen Anstieges zum Osthannover-Lagerstättengebiet ist sehr wahrscheinlich.

Aus volumen-genetischen Berechnungen folgt, daß im gesamten Nordwestdeutschen Becken und speziell im Gebiet Osthannover sehr große Gasmengen produziert wurden (HEDEMANN 1985). Für Osthannover nennt JURGAN die Zahl von $25 \cdot 10^{12}$ m³ Erdgas bei einer geschätzten Fläche von 1800 km² Unter der Annahme, daß nur 3,3% vom Gasgenese-Potential in explorierbaren Lagerstätten akkumuliert werden, betragen diese 3,3% für Osthannover $825 \cdot 10^9$ m³ Erdgas. Dem gegenüber stehen die relativ geringen Mengen der nachgewiesenen und wahrscheinlichen Vorräte in den Lagerstätten dieses Gebietes.

Es wird andererseits angenommen, daß sämtliche speicherfähige Fallen bis zum kritischen Strukturabschluß gasführend sind.

Ursachen für diese Diskrepanz zwischen dem Gasangebot und den in den Lagerstätten akkumulierten Erdgasmengen sind möglicherweise in der geringen Anzahl von Strukturen selbst sowie im Fehlen von Strukturen mit bedeutenden Amplituden und Flächen zu sehen. Relative tektonische Stabilität des Gebietes und keine bedeutenden Hebungsbeträge (etwa vergleichbar mit der südlichen Nordsee) könnten für das relativ begrenzte Potential an akkumuliertem Erdgas verantwortlich sein. Eine Ausnahme bildet die Lagerstätte Söhlingen mit relativ hohen Erdgasvorräten (ISENSEE 1982). Sie ist an eine altangelegte Störung mit bedeutender Sprunghöhe gebunden, die gleichzeitig die westliche Begrenzung des Schneverdingen-Grabens bildet. Die Störung war wahrscheinlich auch später aktiv, so daß sich hier eine große Struktur mit einer Amplitude von ca. 500 m herausbilden konnte.

Die vergleichende Analyse und die Rekonstruktion der geologischen Entwicklung erlauben die Schlußfolgerung, daß Gasmigration und Lagerstättenbildung innerhalb der gesamten Mitteleuropäischen permokarbonischen Erdgasprovinz (einschließlich auch der hier nicht behandelten Lagerstättengebiete der Altmark und des Wolsztyn-Walles) zwar zu unterschiedlichen Zeiten aber prinzipiell nach einem einheitlichen Modell abliefen.

Generell gilt, daß mit der intensiven Absenkung (Trias, Jura und Kreide) eine Gasbildung erfolgte. In einigen Gebieten alter Anlage (Altmark, Broad Fourteens-Becken, Sole Pit-Becken) kam es zur Gasfüllung. Mit der Heraushebung der Strukturen durch Inversionsvorgänge während der Kreide wurden auch die neugebildeten oder alte, aktivierte Strukturen mit Gas gefüllt. Es kam lokal zur Umverteilung des Gases. Die anschließende Absenkung führte in einigen Gebieten zum Einsetzen einer weiteren Gasbildung, und erneute Aufstiegsbewegungen (Paläozän) führten zur Nachfüllung der Strukturen mit Gas.

Zusammenfassung

Ablauf, Intensität und Richtung der geotektonischen Entwicklung einzelner Regionen beeinflussen in erheblichem Maße das Potential der Erdgasführung. Die Untersuchung der Absenkung und des Eintrittes der Erdgas-Muttergesteine des Karbons in bestimmte Temperatur-Druck-Zonen gestattet, die Besonderheiten und die Intensität der Erdgasbildung sowie die Qualitätsveränderungen von Speicher und abdeckenden Schichten zu klären. Die Hebungsabläufe einzelner Regionen und die Ausbildung großer lokaler Strukturen sind der direkte Schlüssel zum Verständnis der Lagerstättenbildung.

Die vergleichende Analyse und die Rekonstruktion der geologischen Entwicklung zeigen, daß Gasmigration und Lagerstättenbildung innerhalb der Mitteleuropäischen Erdgasprovinz zu unterschiedlichen Zeiten jedoch prinzipiell nach einem einheitlichen Modell abliefen.

Резюме

Ход, интенсивность и направленность геотектонического развития отдельных регионов оказывают решающее влияние на потенциал их газоносности. Изучение процесса погружения пород и входа нефтегазоматеринских толщ каменноугольного возраста в определенные термобарические зоны позволяет выявить особенности и интенсивность процесса генерации газа, а также изменения качества коллекторов и пород-покрышек. Знание процессов воздымания отдельных регионов и образования крупных локальных структур является ключом к пониманию формирования месторождений. Сравнительный анализ и реконструкция геологического развития отдельных районов показывают, что процессы миграции и образования месторождений в пределах Средне-Европейской газоносной провинции проходили в разное геологическое время, но принципиально по единой модели.

Summary

Course, intensity and direction of geotectonic development in some regions considerably influence the potential of natural gas. Investigation of lowering and entry of the Carboniferous source rocks of the gas into fixed temperature-pressure-zones allows to clarify peculiarities and intensity of gas generation as well as alterations in quality of the reservoir and overlying cover. Upheaval phases in several regions and the character of great local structures directly explain formation of deposits. Comparing analysis and reconstruction of geological development show that gas migration and formation of deposits within the Central European gas province took place at different times but in principle in the same way.

Literatur

BETZ, D.; FÜHRER, F.; GREINER, G.; PLEIN, E.: Evolution of the Lover Saxony Basin. — Tectonophysics, Amsterdam 137 (1987)

BOIGK, H.: Zur Fazies und Erdgasführung des Buntsandsteins in Nordwestdeutschland. — Erdöl Kohle, Hamburg 14 (1961) 12

BOIGK, H.; STAHL, W.: Das Oberkarbon im Untergrund von Nordwestdeutschland und dem angrenzenden Nordseebereich. Inkohlung und Erdgas. — Fortschr. Geol. Rheinland Westfalen, Krefeld 19 (1971)

GLENNIE, K. W.: Early Permian—Rotliegend. — In: Introduction to the Petroleum Geology of the North Sea. — Oxford: Blackwell Scientific Publications 1984

GRALLA, P.: Das Oberrotliegende in NW-Deutschland. Lithostratigraphie und Faziesanalyse. — Geol. Jahrb. R. A, Hannover 106 (1988)

HEDEMANN, H. A.: Energierohstoffe im Oberkarbon Nordwestdeutschlands. — Erdöl-Erdgas-Z., Wien 101 (1985) 4

ISENSEE, D. H.: Ausbau des Erdgas-Feldes Söhlingen. — Erdöl-Erdgas-Z., Wien 98 (1982) 11

JURGAN, H.; DEVAY, L.; BLOCK, M.; KETTEL, D.; MATTERN, G.: Erdgasmigration und -Lagerstättenbildung am Beispiel der Erdgasfelder Ost-Niedersachsens. — Hannover: Niedersächsisches Landesamt für Bodenforschung, Juli 1983

KETTEL, D.; DEVAY, L.; BLOCK, M.; SCHRÖDER, L.; PORTH, H.; CORDES, R.; DORN, M.; STANCU-KRISTOFF, G.: Untersuchungen zur Erdgaslagerstättenbildung in der Nordfortsetzung der unterpermischen Emssenke. — Hannover: Niedersächsisches Landesamt für Bodenforschung, Dezember 1984

OELE, J. A.; HOL, A. C. P. J.; TIEMENS, J.: Some Rotliegend Gas Fields of the K and L Blocks, Netherlands Offshore (1968—1978) — A Case History. — In: Petroleum Geology of the North West Europe. — London: Institut of Petroleum 1981

PHILIPP, W.; REINICKE, K. M.: Zur Entstehung und Erschließung der Gasprovinz Osthannover. — Erdöl-Erdgas-Z., Wien 98 (1982) 3

SCHÖNEICH, H.: Die Entwicklung der Erdöl- und Erdgasexploration in der Nordsee. — Erdöl-Erdgas-Z., Wien 97 (1981) 8

TAYLOR, J. C. M.: Late Permian — Zechstein. — In: Introduction to the Petroleum Geology of the North Sea. Oxford: Blackwell Scientific Publications 1984

WALKER, I. M.; COOPER, W. G.: The structural and stratigraphic evolution of the northeast margin of the Sole Pit Basin. — In: Petroleum Geology of North West Europe. London: Graham & Trotman 1987

WIJHE, D. H. VAN: The structural evolution of the Broad Fourteens Basin. — In: Petroleum Geology| of North West Europe. London: Graham & Trotman 1987

WIJHE, D. H. VAN; LUTZ, M.; KAASCHIETER, J. P. H.: The Rotliegend in the Netherlands and its gas accumulations. — Geol. Mijnbow, Den Haag 59 (1980)

ZIEGLER, P. A.: Geological Atlas of Western and Central Europe. — The Hague Shell International Petroleum Maatschappij BV 1982

Zur Ausbildung der Ablagerungen des Altpaläozoikums im Gebiet der südwestlichen Ostsee

JOACHIM PISKE, Gdańsk; EBERHARD NEUMANN, Gommern

Einleitung

Das Gebiet der südwestlichen Ostsee befindet sich im Grenzbereich der Osteuropäischen und der jüngeren Westeuropäischen Tafel. Die Kenntnis über den geologischen Bau dieses Gebietes stammte bisher im wesentlichen aus Ergebnissen geophysikalischer, vor allem magnetischer und gravimetrischer Messungen. Daneben wurden in unterschiedlichem Maße Bohrergebnisse der angrenzenden Länder (Polen, DDR, Dänemark, Schweden) zur Interpretation herangezogen.
Der Untersuchung dieser Grenzzone waren die 1975 begonnenen Arbeiten im Rahmen des Internationalen Geologischen Korrelationsprogramms (IGCP) am Projekt IGCP 86 „SW-Rand der Osteuropäischen Tafel" gewidmet, an denen 10 Länder beteiligt waren und in deren Ergebnis u. a. eine tektonische Karte im Maßstab 1:1500000 erschien. Diese Karte umfaßt ein Gebiet, das sich von der Nordsee über die südwestliche Ostsee bis zum Schwarzen Meer erstreckt.

Wesentliches Element dieser Grenzzone ist die NW—SE verlaufende Teisseyre-Tornquist-Linie, die sich von der Südspitze Norwegens über die Halbinsel Jütland hinweg, Schonen querend, bis nach Koszalin in NW-Polen erstreckt und von hier aus weiter in südöstlicher Richtung am NE-Rand der Góry Świętokrzyskie (Heilig-Kreuz-Gebirge) vorbei bis zum Schwarzen Meer verläuft. Im Bereich des mitteleuropäischen Festlandes, von Südpolen bis zur Küste der Ostsee bei Koszalin, bildet sie die Grenze zwischen den auf präkambrischem Kristallin lagernden altpaläozoischen Tafelsedimenten der Osteuropäischen Tafel und tektonisch mehr oder weniger stark deformierten Ablagerungen der Norddeutsch-Polnischen Kaledoniden.

Nördlich der polnischen Ostseeküste verläuft die Teisseyre-Tornquist-Linie inmitten altpaläozoischer Tafelsedimente, bildet aber offensichtlich im Untergrund eine Grenze zwischen dem präbaikalischen kristallinen Fundament der Osteuropäischen Tafel und einem jüngeren kristallinen Massiv baikalischen Alters (Jütland-Massiv), das sich südwestlich dieser Linie erstreckt.

Die Grenze zwischen osteuropäischen Tafelsedimenten und Norddeutsch-Polnischen Kaledoniden trennt sich jedoch von der Teisseyre-Tornquist-Linie und verläuft in WNW-Richtung durch die südwestliche Ostsee, nördlich an der Insel Rügen vorbei, durch das südliche Dänemark in die südöstliche Nordsee.

Über die Frage, welche der beiden Linien die Grenze der Osteuropäischen Tafel bildet, gibt es unterschiedliche Auffassungen, je nachdem, welches Kriterium der Grenzziehung zugrunde gelegt wird. In der erwähnten tektonischen Karte des SW-Randes des Osteuropäischen Tafel z. B. wird das präbaikalische kristalline Fundament als wesentliches Merkmal der Osteuropäischen Tafel betrachtet und daher die Teisseyre-Tornquist-Linie auch in dem durch die Ostsee verlaufenden Abschnitt als Grenzlinie fixiert (u. a. GARECKIJ, JUBITZ & ZNOSKO 1984; ZNOSKO 1986). Nach Auffassung anderer Autoren verläuft der Tafelrand entlang der Grenze zwischen altpaläozoischen Tafelsedimenten und dem Norddeutsch-Polnischen-Kaledonidenstrang. Diese Meinung wurde u. a. von BUBNOFF, KOSSMAT, SCHWIMMER, ZWERGER in den zwanziger, dreißiger und vierziger Jahren vertreten. In neuerer Zeit schlossen sich dieser Ansicht u. a. ZIEGLER (1978), KREBS (1978), BROCHWICZ-LEWIŃSKI, POŻARYJSKI & TOMCZYK (1981), POŻARYJSKI & DEMBOWSKI (1984) an.

Im Rahmen von Erdöl-Erdgas-Prospektionsarbeiten wurden im Auftrag der Gemeinsamen Organisation „Petrobaltic" im Bereich der südwestlichen Ostsee umfangreiche seismische Arbeiten durchgeführt sowie durch die Organisation mehrere Bohrungen abgeteuft. Die Ergebnisse dieser Arbeiten gestatten eine gewisse Präzisierung der Vorstellungen über den Charakter der altpaläozoischen Sedimente in diesem Raum sowie über den Verlauf der Grenze zwischen den tektonisch stark beanspruchten ordovizischen und älteren Ablagerungen der Norddeutsch-Polnischen Kaledoniden, wie sie in Bohrungen auf der Insel Rügen und in NW-Polen (Raum Koszalin) angetroffen wurden, und flachlagernden altpaläozoischen Schichten in Tafeldeckgebirgsausbildung, wie sie z. B. im Raum Łeba in Polen, auf der Insel Bornholm und in Schonen vorliegen. Von besonderem Interesse ist dabei die Tatsache, daß sich die fazielle Ausbildung des Kambriums und Ordoviziums von Bornholm über die Teisseyre-Tornquist-Linie hinweg nach Südwesten ausdehnt und daß tektonisch stärker beanspruchte ordovizische Ablagerungen erhöhter Mächtigkeit im Seegebiet zwischen Rügen und Koszalin erbohrt wurden.

Die Ausbildung altpaläozoischer Sedimente (Kambrium, Ordovizium, Silur) in Bohrprofilen der südwestlichen Ostsee

In der südwestlichen Ostsee wurden zwei Bohrungen abgeteuft, die Ablagerungen des Altpaläozoikums aufschlossen (Abbildung).

Die Bohrung No. 1 ca. 25 km nordöstlich der Insel Rügen (südwestlich der Teisseyre-Tornquist-Linie gelegen) erbohrte direkt unter mesozoischen Schichten einen Komplex von Ablagerungen des Silurs, Ordoviziums und Kambriums, der sehr große Ähnlichkeit mit altpaläozoischen Bildungen auf der Insel Bornholm und in Schonen besitzt. Zum Vergleich mit diesen Gebieten sowie mit Bohrergebnissen aus Mitteldänemark wurden Arbeiten von BAARTMAN & CHRISTENSEN (1975), NORLING & SKOGLUND (1977), MICHELSEN & ANDERSEN (1981), GRAVESEN & BJERRESKOV (1982), BUCHARDT & NIELSEN (1984), JAEGER (1984) herangezogen.

Über kristallinen Gesteinen, deren Altersbestimmung nach der K—Ar-Methode auf eine letzte tektonische Überprägung vor etwa 530 bis 540 Mill. Jahren hinweist, liegen ca. 50 m mächtige wechsellagernde Mittel- und Grobsandsteine, die stark tonig und grüngrau bis blaugrau gefärbt sind. Im basalen Teil dieser Serie treten Konglomerate, die aus Quarzgeröllen bestehen, auf. Darüber folgt eine ca. 250 m mächtige Serie, bestehend aus einer Wechsellagerung von Schluffsteinen und Fein- bis Mittelsandsteinen, in die einzelne Grobsandsteinhorizonte und Konglomeratlagen eingeschaltet sind. Die Färbung ist hell- bis dunkelgrau. Die Sedimente sind ebenschichtig bis linsen- und flasergeschichtet. Das Schichtgefüge ist häufig durch Bioturbation gestört. Die Sedimente führen Glaukonit. Die Serie stellt ein Äquivalent der Balka-Sandstein-Formation und der Laeså-Formation auf Bornholm dar. In ihrem oberen Teil gibt es ein Äquivalent des Rispebjerg-Sandsteins in Form eines grobkörnigen bis konglomera-

Eingang des Manuskripts in der Redaktion: 5. 2. 1990

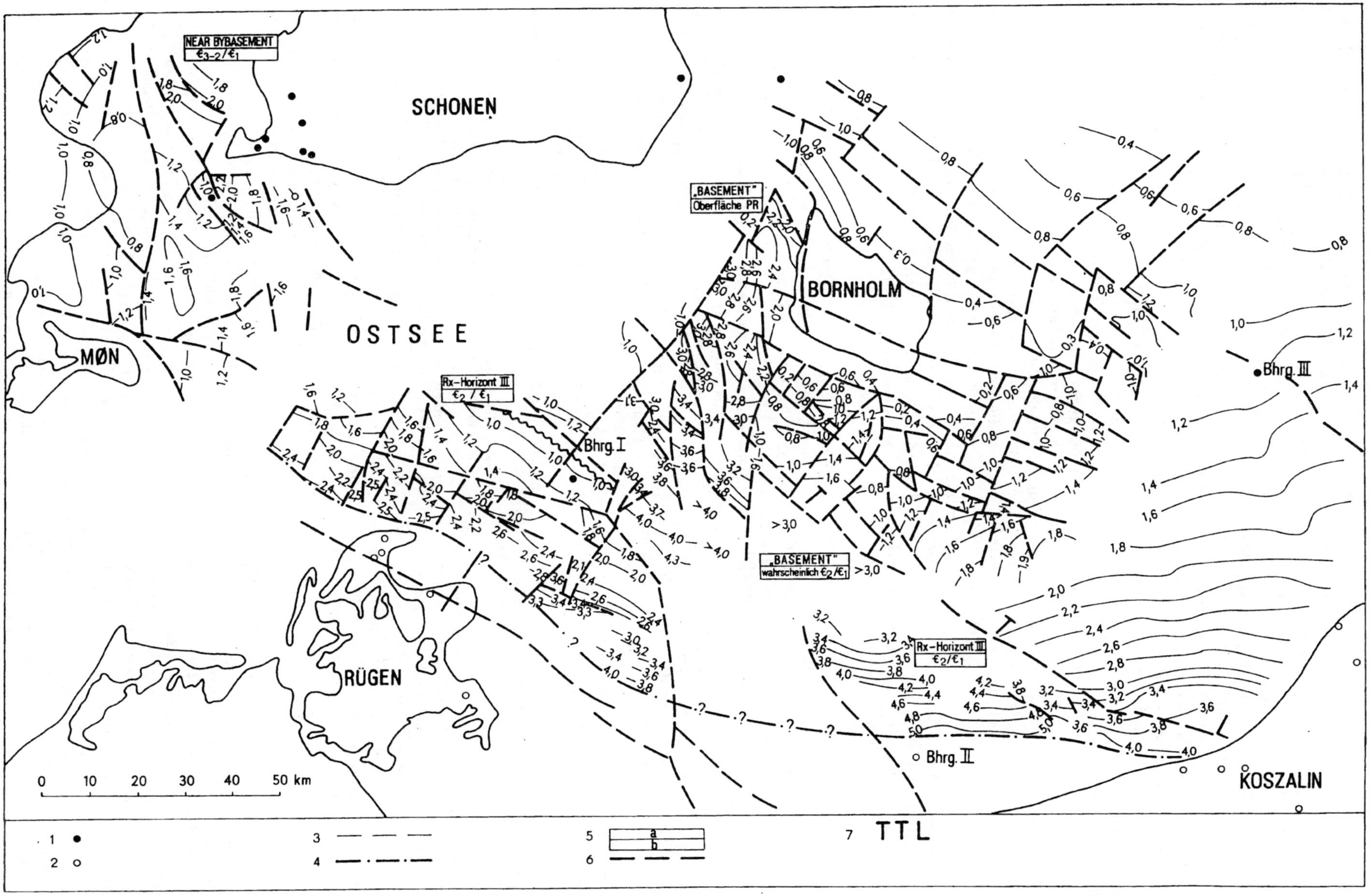

Abbildung. Die Verbreitung altpaläozoischen Tafeldeckgebirges im Bereich der südwestlichen Ostsee

1 – Bohrung mit altpaläozoischen Ablagerungen in Tafeldeckgebirgsausbildung; 2 – Bohrungen mit mächtigen, tektonisch stark deformierten altpaläozoischen Ablagerungen; 3 – Isochronen seismischer Horizonte (in s); 4 – südliche Verbreitungsgrenze des kambrischen Reflexionshorizontes (C_2/C_1); 5a – Bezeichnung des seismischen Reflexionshorizontes; 5b – stratigraphische Zuordnung des seismischen Reflexionshorizontes; 6 – Bruchstörung; 7 – Teisseyre-Tornquist-Linie

tischen Quarzsandsteins. Die Sedimente dieser Serie können auf der Grundlage der lithologischen Ähnlichkeit mit Gesteinen auf Bornholm in das Unterkambrium eingestuft werden.
Das Mittelkambrium beginnt mit schwarzen Tonsteinen (ca. 4 m), in die 20 cm mächtige Kalksteinlagen eingeschaltet sind. Nach paläontologischem Befund gehören diese Gesteine in das Niveau des Exsulans-Kalksteins und der Unteren Alaunschiefer von Bornholm. Das Mittelkambrium beginnt also hier ebenso wie auf Bornholm und in Schonen erst mit der mittleren Stufe (*Paradoxides paradoxissimus*). Über diesen Alaunschiefern folgt ein etwa 1,7 m mächtiger Kalksteinhorizont, der dem Andrarum-Kalkstein auf Bornholm entspricht.
Darüber lagern schwarze Schiefer mit Kalksteineinlagerungen im Zentimeter- und Dezimeterbereich, die auf der Grundlage von paläontologischen Untersuchungen die obere Stufe des Mittelkambriums — *Paradoxides forchhammeri* —, das Oberkambrium und den unteren Teil des Ordoviziums, das Tremadoc, umfassen. Wie auf Bornholm und in Schonen gibt es hier einen isofaziellen Übergang vom Mittel- über das Oberkambrium bis in das Ordovizium. Die Oberen Alaunschiefer sind etwa 22 m mächtig. In ihrem obersten Teil schließen sie die Dictyonema-Schiefer mit ein.
Darüber lagern ebenfalls ca. 6 m mächtige dunkle Tonsteine mit vereinzelten Kalksteinlagen, die in das Arenig einzustufen sind und die dem Unteren Didymograptus-Schiefer von Schonen entsprechen. Darüber ist ein etwa 1,6 m mächtiger Kalksteinhorizont ausgebildet, der nach den Ergebnissen paläontologischer Untersuchungen dem Skelbro- und Komstad-Kalkstein von Bornholm gleichzusetzen ist und der ebenfalls in das Arenig eingestuft wird. An der Basis dieses Kalksteins tritt ein Konglomerat auf, und die Oberfläche ist unregelmäßig gestaltet, was ein Hinweis auf eine mögliche Lösungsfläche sein könnte.
Über diesem Kalksteinhorizont folgt ein schwarzer Tonstein, der allerdings nur durch 2,5 m Kern belegt ist. In ihm wurde als wichtige Graptolithenform *Dicellograptus vagus* gefunden, die eine Einstufung dieses Bereiches in die Teretiusculus-Zone des Llandeilo erlaubt. Es wäre möglich, daß der unterste Teil dieses Tonsteins noch zum höchsten Llanvirn gehört. Er stellt ein Äquivalent des von Bornholm und Schonen bekannten Dicellograptus-Schiefers dar.
Auf Grund fehlender Bohrkerne ist die Grenze Ordovizium—Silur nicht belegt. Sie liegt in einem Intervall von ca. 120 m, unterhalb dessen sicher Ordovizium und über dem sicher Silur nachgewiesen wurde.
In einem Kernmarsch ca. 40 m über den paläontologisch nachgewiesenen Schichten des Ordoviziums wurden dunkelgrau gefärbte, wechsellagernde Ton- und Schluffsteine erbohrt, die möglicherweise noch zum Ordovizium gehören und ein Äquivalent des höheren Dicellograptus-Schiefers des Caradoc und des Tretaspis-Schiefers des Ashgill sein könnten. Paläontologische Belege dafür wurden jedoch nicht gefunden.
Die Ablagerungen des Silurs gehören nach paläontologischen Befunden in ihrer Gesamtheit in das Llandovery und stellen ein Äquivalent der Rastrites-Serie dar. Das Llandovery ist damit in dieser Bohrung mächtiger ausgebildet (Mindestmächtigkeit ca. 260 m) als auf Bornholm und in Schonen. Es wäre vergleichbar mit der Mächtigkeit des Llandovery in der Bohrung Slagelse 1 (347 m). Der obere Teil des Llandovery und ebenso die höheren Ablagerungen des Silurs fehlen sekundär als Folge der präpermischen Erosion. Die Sedimente des Silurs sind als Wechsellagerung von dunkelgrauen Tonsteinen und mittelgrauen Schluffsteinen ausgebildet. Zum Teil sind Fein- und Mittelsandsteine eingelagert. In den Schluff- und Sandsteinlagen tritt häufig Mikroschrägschichtung auf, teilweise kommen Konvolutionen vor, die auf einen turbiditischen Charakter der Gesteinsserie verweisen. Die Tonsteine des Silurs besitzen eine sehr hohe Dichte (ca. 1,75 g/cm^3).
Eine weitere Bohrung (Bohrung No. 2) wurde 25 km nordöstlich von Kołobrzeg im Bereich der Norddeutsch-Polnischen Kaledoniden niedergebracht. Unter Sedimenten des Mitteldevons und möglicherweise des höheren Unterdevons sind Ton- und Schluffsteine mit sehr hohem Beanspruchungsgrad (intensive Klüftung, zahlreiche Harnischflächen und Schieferungsflächen, Wechsel des Schichteinfallens zwischen 10 und 60°) aufgeschlossen. Die Gesteine sind dunkelgrau bis schwarz gefärbt. Sehr häufig tritt Pyrit in Nestern, Flasern und Lagen auf. Graptolithenfunde weisen auf ordovizisches Alter dieser Gesteine hin (Zone *Nemagraptus gracilis*[1])). Zwischen den Ablagerungen des Devons und des Ordoviziums besteht eine Winkeldiskordanz. Die stratigraphische Lücke umfaßt wahrscheinlich den höchsten Teil des Ordoviziums, das Silur sowie den größten Teil des Unterdevons (möglicherweise auch das gesamte Unterdevon).
Auf Grund der tektonischen Merkmale, der Ausbildung und der Mächtigkeit (größer als 100 m) kann man annehmen, daß es sich nicht um ordovizische Gesteine in Tafelausbildung handelt. Sie sind offenbar den Norddeutsch-Polnischen Kaledoniden zuzuordnen. Ein Vergleich mit ordovizischen Ablagerungen aus dem Raum Koszalin (DADLEZ 1967, 1974; TELLER & KOREJWO 1968; ŁOBANOWSKI 1968; BEDNARCZYK 1974; KREBS 1978), aber auch von der Insel Rügen (KÖLBEL 1963; JAEGER 1967; FRANKE 1967) ist möglich.

Hinweise auf die südwestliche Begrenzung des altpaläozoischen Tafeldeckgebirges aus Ergebnissen der seismischen Vermessung

Durch die oben beschriebenen Ergebnisse aus Bohrungen der Ostsee sowie auf der Insel Rügen und in NW-Polen ist die Grenzzone zwischen relativ ungestört lagerndem Tafeldeckgebirge und mächtigen tektonisch beanspruchten Ablagerungen des Altpaläozoikums eingeengt. Weitere Hinweise auf den Verlauf dieser Grenze kann die Interpretation seismischer Meßergebnisse liefern.
Im Gebiet, in dem die Bohrung No. 1 abgeteuft wurde, lassen sich unterhalb des mesozoischen Schichtkomplexes zwei Reflexionshorizonte in guter Qualität verfolgen. Ihre stratigraphische Zuordnung war durch Anschluß an die Bohrung möglich:

— der obere Horizont befindet sich an der Grenze zwischen Silur und darüberliegenden mesozoischen Schichten,
— der untere Horizont ist an die Grenze zwischen quarzitischen Sandsteinen des Unterkambriums und Alaunschiefern des Mittelkambriums gebunden (Rx-Horizont III).

Nach Ergebnissen der seismischen Vertikalprofilierung werden in der Bohrung noch zwei weitere Reflexionsgrenzen erfaßt: Die Oberfläche des Komstad-Kalksteins (Ordovizium) wird jedoch wegen dessen geringer Mächtigkeit (weniger als 2 m) bei der seismischen Vermessung nicht wirksam.
Auf die Grenze an der Oberfläche des kristallinen Fundamentes könnten einzelne Fragmente von Reflexionen hinweisen, die auf seismischen Profilen etwa 300 bis 500 m unterhalb des kambrischen Reflexionshorizontes und parallel zu diesem verlaufend beobachtet wurden.
Der Verlauf des unteren (kambrischen) Reflexionshorizontes kann somit zur Charakterisierung der Lagerungsverhältnisse des altpaläozoischen Schichtkomplexes herangezogen werden. Er läßt sich im Arbeitsgebiet der GO „Petrobaltic" westlich der Teisseyre-Tornquist-Linie in unterschiedlicher Qualität verfolgen (s. Abbildung). In südlicher Richtung sinkt er in größere Teufen ab, wobei er an zahlreichen Störungen von mehr oder weniger großer Amplitude versetzt wird. In diesem

[1]) Mündliche Mitteilung von Dr. TOMCZYK, PIG Warszawa.

Zusammenhang sollte nicht außer acht gelassen werden, daß bei Störungen mit größerem Versetzungsbetrag Unsicherheiten in der stratigraphischen Zuordnung nicht auszuschließen sind. In südlicher Richtung verschlechtert sich auch die Qualität des Reflexionshorizontes bis zu seinem völligen Verschwinden. Dabei verläuft die Grenze der Verfolgbarkeit des Horizontes im Bereich der Ostsee etwa entlang einer Linie vom Gebiet nördlich Koszalin in westnordwestlicher Richtung nördlich der Bohrung No. 2 und unmittelbar nördlich der Insel Rügen (Kap Arkona). In der südlichen Fortsetzung des Rønne-Grabens ist sie allerdings nach Norden versetzt. Das könnte mit der großen Tiefenlage des Horizontes und der dadurch nicht mehr möglichen seismischen Registrierung zusammenhängen. Im südlichen Teil des Verbreitungsgebietes dieses Reflexionshorizontes werden im Intervall zwischen ihm und dem Horizont an der Oberfläche des Silurs in einer etwa 10 km breiten Zone Fragmente von Reflexionen steileren Einfallens und unterschiedlicher Einfallrichtung beobachtet.

In östlicher Richtung läßt sich der kambrische Reflexionshorizont über die Teisseyre-Tornquist-Linie hinaus verfolgen. Da hier das Mittelkambrium bereits sandig ausgebildet ist, befindet er sich allerdings entweder am Kontakt von Sand- und Tonsteinen im oberen Teil des Mittelkambriums oder an der Grenze von Tonsteinen und Mergeln im oberen Teil des Ordoviziums (auf Grund von Bohrergebnissen).

Nördlich und nordöstlich des Arbeitsgebietes der GO „Petrobaltic" wird durch seismische Messungen ein tiefliegender Horizont verfolgt, der die Bezeichnung „basement" erhielt und der Oberfläche des kristallinen Fundamentes zugeordnet wird (VEJBÆK 1985). Sein Isochronenplan schließt unmittelbar an die Laufzeiten des weiter südlich erfaßten und durch die Bohrung No. 1 definierten kambrischen Reflexionshorizontes an, was die Vermutung erlaubt, daß auch er — zumindest in einem Teil seines Verbreitungsgebietes — an die lithologisch scharfe Grenze Unter-Mittelkambrium gebunden ist (s. Abbildung). In einzelnen Bereichen in der Umgebung der Insel Bornholm, wo altpaläozoische Ablagerungen in ihrer Mächtigkeit stark reduziert sind oder fehlen und mesozoische Schichten direkt auf kristallinem Grundgebirge lagern (belegt durch Bohrungen in der Hanö-Bucht und seismische Profile nach VEJBÆK), dürfte der Reflexionshorizont „basement" tatsächlich mit der Oberfläche des kristallinen Fundamentes zusammenfallen.

Westlich und nordwestlich des Arbeitsgebietes der GO „Petrobaltic" wird ein als „near by basement" bezeichneter Reflexionshorizont verfolgt, dessen Isochronenplan (BAARTMAN & CHRISTENSEN 1975) ebenfalls an die Laufzeiten des kambrischen Horizontes anschließt. Nach Ergebnissen der Bohrung Slagelse 1 wird er mit der Grenze zwischen unterkambrischen Quarziten und ordovizisch-kambrischen Schiefern in Verbindung gebracht. Seine Verfolgbarkeit im Seegebiet östlich der Insel Sjælland ist gut, bricht jedoch in südlicher Richtung ab (s. Abbildung).

Die Zusammenstellung seismischer Meßergebnisse aus verschiedenen Gebieten in Verbindung mit den Ergebnissen aus Bohrungen zeigt also, daß sich ein Reflexionshorizont innerhalb des Kambriums (im allgemeinen an der Grenze unterkambrischer Sandsteine und mittelkambrischer Schiefer) über eine relativ große Fläche westlich der Teisseyre-Tornquist-Linie verfolgen läßt. Gestützt auf die Bohrergebnisse darf man vermuten, daß im Verbreitungsgebiet dieses Horizontes auch altpaläozoisches Tafeldeckgebirge ausgebildet ist und daß seine südliche Verbreitungsgrenze das Verbreitungsgebiet dieses Deckgebirges begrenzt.

Demzufolge würden entlang der westnordwestlich verlaufenden Verbreitungsgrenze des Horizontes zwei Gebiete von unterschiedlichem geologischem Bau getrennt: flach lagernde Schichten in Tafelausbildung im Norden (ihrem Charakter nach der Osteuropäischen Tafel zuzuordnen) und mächtige, tektonisch deformierte Ablagerungen im Süden (ihrem Charakter nach den Norddeutsch-Polnischen Kaledoniden zugehörig).

Für das Verschwinden des Reflexionshorizontes in südlicher Richtung könnten zwei Ursachen zutreffend sein: eine sedimentologisch bedingte (primäre) bzw. eine durch tektonische Deformation bedingte (sekundäre):

- Die flächenhaft große Verbreitung des Reflexionshorizontes ist an eine scharfe lithologische Grenze innerhalb flachlagernder, kaum gestörter Ablagerungen auf der Tafel gebunden. Beim Übergang in die südlich vorgelagerte Senke der kaledonischen Geosynklinale ändern sich die Sedimentationsbedingungen: die Mächtigkeit der Sedimente nimmt zu, der Anteil an gröberklastischem Material steigt, Kalksteine treten sporadisch auf, und es bilden sich Tonstein—Schluffstein—Sandstein-Wechselfolgen von z. T. flyschartigem Charakter. Dadurch fehlen zugleich die Voraussetzungen für die Existenz weitverbreiteter Reflexionsgrenzen. Die Verschlechterung der Reflexionsqualität des Horizontes bis zu dessen völligem Verschwinden könnte auf solche Verhältnisse hinweisen.
- Die mächtigen altpaläozoischen Sedimente der kaledonischen Senke wurden zusammengeschoben und dadurch möglicherweise vorhandene Reflexionshorizonte verformt und zerrissen. Sie spiegeln sich im seismischen Bild nicht mehr als zusammenhängender Horizont wider sondern allenfalls als einzelne Fagmente.

Außerdem ist nicht auszuschließen, daß im Zusammenhang mit der kaledonischen Deformation des Sedimentationstroges altpaläozoische Sedimente auf das nördlich vorgelagerte Tafelgebiet in einer begrenzten Zone (maximal 10 km breit) aufgeschoben wurden. Darauf weisen möglicherweise die oben bereits erwähnten Fragmente von Reflexionen steileren Einfallens im Intervall oberhalb des kambrischen Reflexionshorizontes hin, die einen gewissen Schuppenbau widerspiegeln könnten.

Durch dieses schuppenartige Aufschieben von Sedimenten des kaledonischen Sedimentationstroges auf Tafelablagerungen ließe sich auch die überaus große Mächtigkeit für den seismisch ausgegliederten altpaläozoischen Schichtkomplexes erklären, die an einigen Stellen an der südlichen Verbreitungsgrenze des Reflexionshorizontes beobachtet wurde und eigentlich nicht typisch für das Tafeldeckgebirge ist.

Während der variszischen Entwicklungsetappe wurde auch der geschilderte Grenzbereich zwischen altpaläozoischer Tafel und deformierten Sedimenten der kaledonischen Geosynklinale tektonisch stark beansprucht. Insbesondere bildete sich ein System SSE—NNW- und SE—NW-verlaufender Störungen, an denen einzelne Schollen herausgehoben, versenkt oder gekippt sind. Dabei entstand im wesentlichen das Bild tektonischer Formen, welches der Isochronenplan des kambrischen Reflexionshorizontes widerspiegelt. Die genannten Störungen können folglich nicht mit dem kaledonischen Bauplan in Verbindung gebracht werden.

Die in der Bohrung No. 1 untersuchten silurischen Tonsteine zeichnen sich durch eine sehr hohe Dichte aus. Außerdem ist der Inkohlungsgrad der organischen Substanz außergewöhnlich hoch. Daraus läßt sich eine ehemals wesentlich größere Versenkungsteufe der altpaläozoischen Ablagerungen ableiten (bis zu 3 km tiefer als heute). Offensichtlich war die Mächtigkeit der silurischen Ablagerungen erheblich größer als die in den Bohrungen aufgeschlossene. Möglicherweise waren in diesem Gebiet auch Bildungen des jüngeren Paläozoikums (Devon, Unterkarbon) verbreitet. Diese sowie der heute fehlende Anteil des Silurs fielen einer präpermischen Erosion zum Opfer. Es ist nicht auszuschließen, daß ein Teil dieser Ablagerungen noch in der tiefer versenkten südlichen Fortsetzung des Rønne-Grabens erhalten ist.

Zusammenfassung

Auf der Grundlage von Ergebnissen, die im Rahmen eines Untersuchungsprogramms (seismische Arbeiten, Bohrungen) der GO „Petrobaltic" im Bereich der westlichen Ostsee erzielt wurden, werden einige Schlußfolgerungen hinsichtlich des Verlaufes der Grenze zwischen altpaläozoischem Deckgebirge der Osteuropäischen Tafel und tektonisch deformierten Sedimenten der Norddeutsch-Polnischen Kaledoniden gezogen.
Anhand des Profils einer Bohrung wird gezeigt, daß Ablagerungen des Kambriums, Ordoviziums und Silurs in einer Ausbildung, wie sie vor allem auf der Insel Bornholm bekannt ist, auch südwestlich der Teisseyre-Tornquist-Linie auftreten. Als südliche Verbreitungsgrenze dieses altpaläozoischen Tafelgebirges kann die Grenze der Verfolgbarkeit eines seismischen Reflexionshorizontes, gebunden an einen lithologischen Wechsel von Sandsteinen des Unterkambriums und Alaunschiefern des Mittelkambriums, angenommen werden. Sie zweigt im Seegebiet nördlich von Koszalin von der Teisseyre-Tornquist-Linie ab und verläuft in westnordwestlicher Richtung unmittelbar an der Nordspitze der Insel Rügen vorbei auf die Insel Møn zu.

Резюме

На основании результатов геологических работ (сейсмика, бурение), проведенных по программе исследований СО ,,Петробалтик" в западной части Балтийского моря, делаются выводы относительно расположения границы между древнепалеозойским осадочным чехлом Восточно-Европейской платформы и дислоцированными породами северо-германско-польских каледонид.
По данным пробуренной скважины показано, что общий характер разреза кембрия, ородовика и силура, известный прежде всего на территории острова Борнхольма, подтверждается и для области юго-западнее линии Тейссейра-Торнквиста. В качестве южной границы распространения этих древнепалеозойских платформенных пород можно считать границу прослеживания сейсмического отражающего горизонта, приуроченного к литологической смене песчаников нижнего кембрия и квасцовых сланцев среднего кембрия. Эта граница откло-няется севернее Кошалина в акватории моря от линии Тейссейра-Торнквиста и проходит непосредственно по северному окончанию острова Рюген в запад-северо-западном направлении к острову Мён.

Summary

On the base of results from the research programme (seismic work, wells) of the GO "Petrobaltic" in the region of the western Baltic Sea, conclusions concerning the border course between the Lower Palaeozoic superstructure of the East European Platform and tectonical deformed sediments of the North German-Polonian Caledonids are presented. At the example of a profile of a well it is shown that depositions of Cambrian, Ordovician and Silurian age with a character as it is known from the isle Bornholm are present southwestern of the Teisseyre-Tornquist zone, too. The border of registratable seismic reflection horizons in connection with a lithological change of Lower Cambrian sandstones and Middle Cambrian alum schists can be regarded as the southern border of this Lower Palaeozoic table mountain. It branches up from the Teisseyre-Tornquist zone in the southern region north of Koszalin and it continues to WNW-direction near the northern cape of the isle Rügen to the isle Møn.
Die Autoren bedanken sich beim Direktor der GO „Petrobaltik" Gdańsk, Herrn J. PASZKIEWICZ, und dem Geschäftsführer der Erdöl-Erdgas Gommern GmbH, Herrn Dr. A. HIECKMANN, für die Genehmigung der Veröffentlichung.

Literatur

BAARTMAN, J. G.; CHRISTENSEN, O. B.: Contributions to the interpretation of the Fennoscandian Border Zone. — Danmarks geol. Unders., København 2. R. Nr. 102 (1975) S. 1—47
BEDNARCZYK, W.: The Ordovician in the Koszalin-Chojnice region (Western Pomerania) — Acta geol. pol. Warszawa 24 (1974) 2, S. 581—600
BERGSTRÖM, J.: Zur tektonischen Entwicklung Schonens (Südschweden). — Z. angew. Geol., Berlin 31 (1985) 11, S. 277—280
BROCHWICZ-LEWIŃSKI, W.; POŻARYSKI, W.; TOMCZYK, H.: Wielkoskalowe ruchy przesuwcze wzdłuż SW brzegu platformy wschodnioeuropejskiej we wczesnym paleozoiku. — Przegląd geol., Warszawa 29 (1981) 8, S. 385—396
BURCHARDT, B.; NIELSEN, A. T.: Carbon and oxygen isotope composition of Cambro-Silurien Limestone and anthraconite from Bornholm: Evidence for deep burial diagenesis. — Bull. Geol. Soc. Danmark, Copenhagen 33 (1984) S. 415—435
DADLEZ, R.: Najnowsze profile podłoża cechsztynu w północno-zachodniej Polsce. — Kwart. geol., Warszawa 11 (1967) 3, S. 572—585
— Some geological problems of the southern Baltic Basin. — Acta geol. pol., Warszawa 24 (1974) 1, S. 261—275
FRANKE, D.: Zu den Varisziden und zum Problem der Kaledoniden im nördlichen Mitteleuropa — Ber. Dtsch. Ges. Geol. Wiss., A. Berlin 12 (1967) 1, 2; S. 83—140
GARECKIJ, R. G.; JUBITZ, K. B.; ZNOSKO, J.: Internationale Tektonische Karte des SW-Randes der Osteuropäischen Tafel. — Z. angew. Geol., Berlin 30 (1984) 4, S. 179—182
GRAVESEN, P.; BJERRESKOV, M.: Guide to excursion in Bornholm. — Copenhaven: Geol. survey of Denmark 1982
JAEGER, H.: Ordoviz auf Rügen, Datierung und Vergleich mit anderen Gebieten (Vorläufige Mitteilung). — Ber. Dtsch. Ges. Geol. Wiss., A, Berlin 12 (1967) 1/2, S. 165—176
— Einige Aspekte der geologischen Entwicklung Südskandinaviens im Altpaläozoikum. — Z. angew. Geol. Berlin 30 (1984) 1, S. 17—33
KÖLBEL, H.: Der Grundgebirgsbau Norddeutschlands im Gesamtrahmen der benachbarten Gebiete — Geologie, Berlin 12 (1963) S. 674—682
KREBS, W.: Die Kaledoniden im nördlichen Mitteleuropa. — Z. dtsch. geol. Ges., Hannover 129 (1978) S. 403—422
ŁOBANOWSKI, H.: Wstępne dane o dewonie w strefie strukturalnej Chojnic (północno-zachodnia Polska). — Acta geol. pol., Warszawa 18 (1968) 4, S. 765—781
MICHELSEN, O.; ANDERSEN, C.: Überblick über die regionale Geologie und Tektonik Dänemarks. — Z. angew. Geol., Berlin 27 (1981) 4, S. 171—176
NORLING, E.; SKOGLUND, R.: Der Südwestrand der Osteuropäischen Tafel im Bereich Schwedens. — Z. angew. Geol., Berlin 23 (1977) 9, S. 449—458
POŻARYSKI, W.; DEMBOWSKI, Z.: Mapa geologiczna Polski i Krajów ościennych bez utworów kenozoicznych, mezozoicznych i permskich. — Warszawa: Wydawnictwo geologiczne 1984
TELLER, L.; KOREJWO, K.: Stratigrafija górnego sylura z otworów Chojnice i Stobno 1 (NW-Polska). — Acta geol. pol. Warszawa 18 (1968) 4, S. 750—764
VEJBÆK, O. V.: Seismic Stratigraphy and Tectonics of Sedimentary Basins ground Bornholm Southern Baltic. — Danmarks geol. Unders., København, Ser. A (1985) 8
ZIEGLER, P. A.: North-Western-Europe: Tectonics and basin development. — Geol. Mijnbouw, Den Haag 57 (1978) 4, S. 589—626
— Evolution of sedimentary basins in Northwest Europe. — In: ILLING, L. V., HOBSON, G. D. (Eds.): Petroleum Geology of the Continental shelf of Northwest Europe. London: Inst. of Petroleum 1981
ZNOSKO, J.: O międzynarodowej mapie tektonicznej SW krawędzi platformy wschodnioeuropejskie. — Przegląd geol., Warszawa (1986) 10, S. 545—552

Ein neues Konzept zur Genese und Entwicklung der Erdkruste

B. S. VOLVOVSKIJ; JU. S. VOLVOVSKIJ; JU. M. SARKISOV, Moskau

Es wird ein neues Konzept zur Bildung und Entwicklung der kontinentalen Kruste vorgestellt. Dabei wird davon ausgegangen, daß die ursprüngliche Mächtigkeit der kristallinen Teile der Erdkruste im frühen Präkambrium gebildet wurde. Das Wachstum dieser Kruste erfolgte dann durch mehrmalige amagmatische Einschübe eines plastischen Mantelstoffes in die kontinentale Kruste. In Folge kam es zu einem horizontalen Auseinanderfließen unter einer starren, granitisch-metamorphen Decke. Das führte zur vertikalen Ablösung dieser Decke vom ebenfalls starren granitisch-basaltischen Untergrund. Sie wurde dabei lateral in unterschiedlich große Schollen zerlegt, und es folgte die Neubildung einer ganzen Schicht von alpinotypen serpentinitisierten Ultrabasiten. In den letzten Jahren wurde die Frage nach der Gliederung der kontinentalen Kruste in eine Reihe von geophysikalisch charakterisierten Schichten, deren Strukturcharakteristik und Geschichte unklar ist, immer aktueller. Besondere Aufmerksamkeit erlangte dabei das Problem des Eindringens und der Konzentration von Gesteinen des Oberen Mantels in der kontinentalen Kruste. Solche Gesteine finden wir in rezenten Erosionsschnitten des Festlandes und von Inseln als serpentinisierte Ultrabasite und Kimberlitbrekzien.

Eingang des Manuskripts in der Redaktion: 13. 6. 1989
Übers.: P. FIJAS, Freiberg
Fachl. Überarb.: G. PORSTENDORFER, Freiberg

Die Analyse eines umfangreichen seismischen Meßmaterials zeigt, daß das rezente Profil des kristallinen Teiles der kontinentalen Kruste durch eine teilweise anomale Schichtung charakterisiert ist. Sie entstand dadurch, daß der mittlere Teil dieses Profils durch serpentinisierte Peridotite gebildet wird, die aus dem Oberen Mantel dorthin gelangten, nachdem sich der untere Granulit-Basit- und der obere Granit-Gneis-Krustenkomplex bereits gebildet hatten (SARKISOV, VOLVOVSKIJ & LOBOKOVSKIJ 1987).

Die (in geologischen Maßstäben verlaufende) Dauer dieses Prozesses der Konzentration von Mantelgesteinen zwischen diesen Komplexen führte einerseits zur vertikalen Trennung dieser Komplexe, andererseits aber zu deren lateralen Zergliederung in unterschiedlich starre Schollen. In diesem Zusammenhang ist es richtiger, das Profil der kristallinen Kruste nicht als ein normalgeschichtetes Paket aufzufassen, sondern eher als ein ziegelförmig angeordnetes Paket starrer Schollen, die durch eine plastische Schicht modifizierter Mantelgesteine untereinander zementiert wurden. Das ergeben vor allem Angaben der Tiefenseismik. So zeigt sich, daß Reflexionen nur strichweise auftreten. Auch die Aufzeichnung der Hauptkomponenten der gebrochenen Wellen und der Wechselwellen, ihre wechselseitige Anordnung auf den Laufzeitkurven sowie die räumlichen Gesetzmäßigkeiten der Änderung der Transversal- und Longitudinalwellen-Geschwindigkeiten deuten darauf hin. Besonders deutlich wird der unterbrochene Charakter des seismischen Wellenfeldes bei den Untersuchungen mit der CDP-Methode sowie bei der Untersuchung von Wellen, die von großen Explosionen ausgehen (EGORKIN & ČERNYŠEV 1980).

Dabei ist der wichtigste Gesichtspunkt bei der Interpretation der seismischen Angaben, daß man von den Prinzipien der Mittelung des Wellenfeldes auf der Grundlage der Gruppenkorrelation abgeht und jede reguläre Welle als Reflexion bzw. Refraktion von einzelnen Elementen des geologischen Milieus betrachtet. Diese Erkentnisse ermöglichen es, sich von dem Modell einer normalgeschichteten Struktur der kontinentalen Kruste zu lösen und zur Erarbeitung eines prinzipiell neuen Modells überzugehen, dessen Grundlage die neugebildete plastische Schicht (PS) ist, die zwei Systeme von starren Blöcken unterschiedlicher Größe voneinander trennt: die obere Granit-Gneis-Scholle (OS) und die untere Granit-Basit-Scholle (US). Ein solches Modell der kristallinen Kruste läßt sich mit den Ergebnissen der komplexen Interpretation einer breiten Klasse von monotypen Wellen und Wechselwellen verbinden, die praktisch überall die vier durchbrochenen subhorizontalen Stützhorizonte K_0, K_1, K_2 und M markieren (Seismičeskie modeli ... 1980) (Abb. 1). Die seismischen Parameter der Schollen OS und US sind ausreichend statistisch charakterisiert (VOLVOVSKIJ & VOLVOVSKIJ 1975). Ihre mittleren Werte der Schichtgeschwindigkeiten betragen 6,0 bis 6,3 bzw. 6,7—7,2 km/s. Die Werte der horizontalen Grenzgeschwindigkeiten an den Schollengrenzen sind weniger konstant. Trotzdem lassen sie sich durch folgende Größen charakterisieren: 5,8—6,3 und 6,8 km/s im Hangenden bzw. Liegenden der Schollen OS und 6,9—7,4 km/s im Hangenden der Schollen US. Das Liegende letzterer Schicht ist die Mohorovičić-Diskontinuität mit ihrer charakteristischen Grenzgeschwindigkeit von etwa 8 km/s. Die Geschwindigkeitsgradienten sind mit zunehmender Tiefe für die Schollen OS und US ebenfalls verschieden und betragen auf den Kontinenten 0,05 bzw. 0,03 s^{-1} (BELJAEVSKIJ 1981). Wesentlich andere seismische Parameter sind für die plastische Schicht charakteristisch (KOSMINSKAJA & PAVLENKOVA 1980). Ihre Geschwindigkeitswerte sind ausgesprochen konstant: $V_p = 6{,}5 - 6{,}8$ km/s und $V_s = 3{,}6 - 3{,}7$ km/s. Der Geshwindigkeitsgradient der Logitudinalwellen beträgt 0,02 — 0,01 s^{-1}. Dies ist 1,5 bis 2mal geringer als in den Schollen OS und US. Im Durchschnitt ist er ebenso groß wie im oberen Teil des Mantels. Die Ausbreitungsgeschwindigkeit der Transversalwellen verringert sich hingegen in der gesamten plastischen Schicht mit der Tiefe (um 0,1 bis 0,3 km/s). Dieser Charakter der Verteilung der P- und S-Wellengeschwindigkeiten in der einheitlichen plastischen Schicht wird durch die Graphik der Veränderung des Quotienten $K = V_p/V_s$ gut widergespiegelt. In vielen Gebieten (BULIN 1984; NERSESOV & ČENKUNAS 1971; POSTNIKOVA 1976), wo auf genügend großen Flächen die gleichzeitige Registrierung von P- und S-Wellen nach Explosionen erfolgte, wurde ein starkes Ansteigen (um 10 bis 15%) des Koeffizienten K im Bereich der Lagerungstiefe der plastischen Schicht festgestellt. Wenn man annimmt, daß die Schicht PS einen Bereich mit großen Volumina chemisch gebundenen und in einem gewissen Prozentsatz auch freien Wassers darstellt (ELANSKIJ 1964; GRUDININ, MEN'ŠAGIN & LAVKEVIČ 1986), dann läßt sich für den Charakter der Graphik $K(H)$ eine logische Erklärung finden. Bei der Analyse der Materialien anderer physikalischer Felder zeichnet sich eine noch allgemeinere Charakteristik der plastischen Schicht ab. So werden in ihrer Lagerungstiefe ein erhöhter geothermischer Gradient (Tektonosfera ... 1978), eine geringere Gesteinsdichte (KOZLOVA & PATRUŠEVA 1976), eine relativ geringe Viskosität (VOLAROVIČ, VOLYNEC & LJUBIMOVA 1981) und eine erhöhte elektrische Leitfähigkeit (PORSTENDORFER 1969) angenommen. Die rheologische Duktibilität der Materie in der Schicht PS bedingte eine schnelle Homogenisierung der physikalischen Eigenschaften, was u. a. eine bemerkenswerte Konstanz der Geschwindigkeitscharakteristiken zur Folge hat. Praktisch fehlen jegliche Grenzen in dieser Schicht. Es ist ebenfalls bemerkenswert, daß nach Angaben seismologischer Beobachtungen in vielen Gebieten in zwei Krustenniveaus Zonen mit erhöhter Dichte der Erdbebenherde festgestellt werden. Sie sind durch die plastische Schicht getrennt, wo sie praktisch fehlen. Eine solche Charakteristik der Erdbebenherde in der kontinentalen Kruste wird von den Seismologen im Zusammenhang mit dem „Polster-Effekt" (ŠEBALIN 1974) von plastischen Gesteinen zwischen den seismisch aktiven Zonen des oberen und unteren Bereiches der kristallinen Kruste gesehen.

Das angeführte neue seismische Modell der kontinentalen Kruste (der hypergenen Hülle der Erde, KOSYGIN 1983) entspricht den Ideen einer natürlichen Teilbarkeit der Gesteinsmassen in Formen unterschiedlicher Größe (SADOVSKIJ 1979) und wird durch die geologischen Daten bestätigt. So gibt es im Bereich junger und alter Tafeln zahlreiche Tiefbohrungen bis in das kristalline Fundament, das durch Granitoide und Gneise gebildet wird, deren Alter nicht weniger als 2 bis

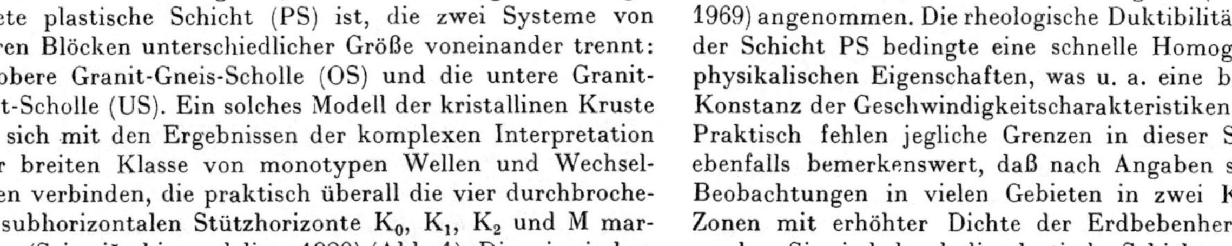

Abb. 1. Profil nach Ergebnissen der refraktions- und reflexionsseismischen Tiefensondierung von Berezovo (links) nach Ust'-Maja (rechts); geologische Interpretation durch die Autoren

I — Westsibirische Tafel; II — Tungusker Synklinale; III — Nepsko-Botuobinsker Antiklinale; IV — Viljusker Synklinale; V — Alansker Antiklinale
1 — Oberkante des Granit-Gneis-Komplexes (Oberfläche des kristallinen Fundamentes); 2 — Unterkante des Granit-Gneis-Komplexes (Wechselgrenze A); 3 — Oberkante des Granulit-Basit-Komplexes (Conrad-Diskontinuität); 4 — Unterkante des Granulit-Basit-Komplexes (Mohorovičić-Diskontinuität); 5 — vulkanogen-sedimentärer Komplex (v_{Sch} = 3,5—5,5 km/s); 6 — Granit-Gneis-Komplex (v_{Sch} = 5,8—6,3 km/s); 7 — Granulit-Basit-Komplex (v_{Sch} = 6,9—7,2 km/s); 8 — Schicht der serpentinisierten Ultrabasite (v_{Sch} = 6,5—6,8 km/s); 9 — subkrustales Substrat (v_{Sch} = 8—8,2 km/s); v_{Sch} — Schichtgeschwindigkeit

2,5 Mrd. Jahre beträgt. Die Obergrenze der unteren Schollen US liegt unter dem Niveau rezenter Erosionsschnitte der kontinentalen Kruste und ist auch heutigen Tief- und Supertiefbohrungen noch nicht zugänglich. Sie werden jedoch durch seismische Profile erfaßt und zeigen hohe seismische Geschwindigkeiten. Wie diese deuten auch alte Intrusivkörper und Vulkanite basischer Zusammensetzung in umfangreichen Granit-Gneis-Gebieten auf Gesteine der basaltischen Reihe des Archaikums hin, die unter den Bedingungen der Granulitfazies überprägt wurden (VINNIK 1976). Wie bereits bemerkt, sind die plastische Schicht und ihre Zufuhrkanäle als ein Konzentrationsbereich von Gesteinen des subkrustalen Substrates zu betrachten. Mantelmaterial wurde so über einen Kanal-Effekt in die Erdkruste transportiert. Dabei war das Mantelmaterial unter neuen Temperatur-Druck-Verhältnissen zweifellos sekundären Umbildungen unterworfen (BELOUSOV 1975). Deshalb sind die Gesteine der PS-Schicht und ihre Kanäle kein vollständiges stoffliches Analogon der primären Ultrabasite im Liegenden der kontinentalen Lithosphäre.

Die wichtigste und direkteste Quelle für Angaben zur Gesteinszusammensetzung der Schicht PS und besonders der Kanäle, die die Granit-Gneis-Schollen voneinander trennen, liefern die alpinotypen Ultrabasite. Diese Bildungen bestehen auf den Kontinenten hauptsächlich aus Serpentiniten und serpentinisierten Peridotiten (PEJVE 1969) und weisen z. T. differenzierte Beziehungen zu ihren Nachbargesteinen auf. Unabhängig vom Alter der Faltenzonen beobachtet man nach den Daten der tiefenseismischen Sondierungen unter diesen plutonischen Bildungen subvertikale, z. T. geneigte Kanäle. Wenn sie die starren Granit-Gneis-Blöcke durchschneiden, reichen sie in große Tiefen und beginnen in der ungestörten Schicht. Deshalb könnte man annehmen, daß die an der Oberfläche der Kontinente verbreiteten alpinotypen serpentinisierten Peridotite nichts anderes sind als tektonisch gefördertes Material, das die oberen Teile der Kanäle und die ungestörte Schicht des kristallinen Teiles der Kontinentalkruste füllt.

Interessante Informationen über diese Schicht liefern die Kimberlitschlote. Diese Formen, die überwiegend aus Mantelbrekzien mit Einschlüssen tiefkrustal gebildeter Minerale bestehen, rufen seit längerer Zeit Diskussionen bezüglich ihres Alters hervor. So übertreffen die Daten der radiometrischen Altersbestimmung das geologische Alter um ein Mehrfaches (MILAŠEV 1974). Dieser Widerspruch findet seine Erklärung darin, daß die Kimberlit-Schlote als Widerspiegelung der sekundären Förderung eines Mantelstoffes zu betrachten sind, der sich nicht im subkrustalen Substrat befindet, sondern in der ungestörten Krustenschicht der serpentinitisierten Peridotite.

Die oben angeführten Angaben über die mittlere Zusammensetzung der Krustenschollen der kontinentalen Lithosphäre lassen annehmen, daß das ursprüngliche Profil der archaischen Kruste vor dem Eindringen des Mantelmaterials zweischichtig war und eine Mächtigkeit von höchstens 30 bis 35 km hatte (Abb. 2). Es ist auch anzunehmen, daß die endgültige Ausbildung der Granit-Gneis-Schicht und der Granulit-Basit-Schicht gegen Ende des Archaikums erfolgte, wobei zwischen ihnen ein Dichtekontrast entstand (paläoseismische Grenze K). Somit ist die gesamte nacharchaische Geschichte der geodynamischen Entwicklung der primär zweischichtigen Kruste nichts anderes als ein Prozeß ihrer Neugliederung durch das Eindringen des Mantelmaterials im Bereich der Paläogrenze K. So entstand ein neuer Typ des Krustenprofils mit teilweise umgekehrter Schichtung. Der Mechanismus der Herausbildung einer Mantelzwischenschicht zwischen dem oberen und unteren Krustenkomplex hängt mit der Dehnung der paläokontinentalen Lithosphäre zusammen, wobei Asthenosphärenstoff über die vertikalen Kanäle aufstieg. Dieser Aufstieg bis in das Hangende des Granulit-Basit-Komplexes ist

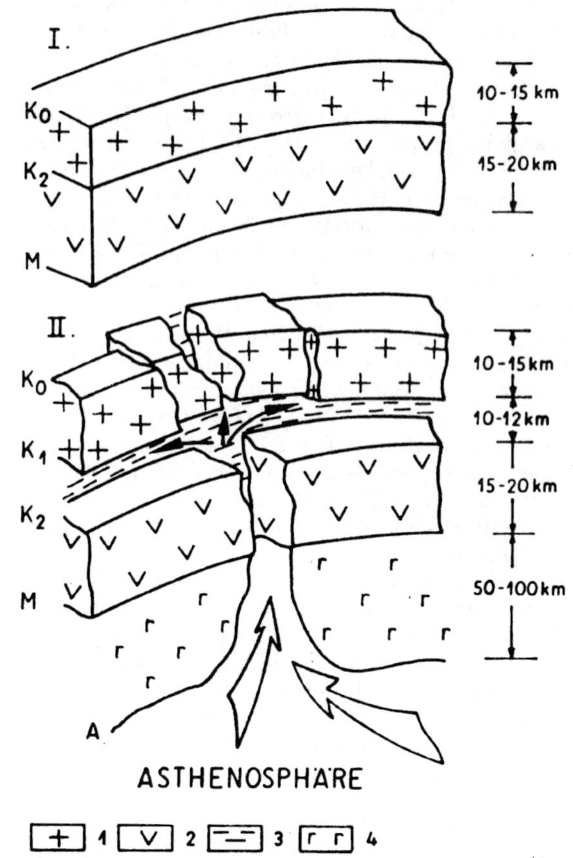

Abb. 2. Schema des ultrabasischen Fließens der kristallinen Kruste der kontinentalen Lithosphäre
I – Archaikum; II – Proterozoikum – Phanerozoikum
1 – Granit-Gneis-Komplex; 2 – Granulit-Basit-Komplex; 3 – Schicht der serpentinisierten Ultrabasite; 4 – Oberer Mantel

durch hydrostatische Überlegungen zu stützen, wenn man für die Granulit-Basit-Schicht eine Mächtigkeit von 20 km und eine Dichte von 3,0 g/cm³ und für die darunterliegende Asthenosphäre eine Dichte von 3,3 g/cm³ annimmt. Ist das Hangende des Granulit-Basit-Komplexes erreicht, so bildet das zur Seite abfließende Asthenosphärenmaterial eine zwischenkrustale Schicht. Bei der allgemeinen Abkühlung der Lithosphäre verliert diese Schicht ihre plastischen Eigenschaften nicht, weil sich im Prozeß der Serpentinisierung Wasser aus dem darüberliegenden „Granit"-Komplex abscheidet.

Zusammenfassung

Die dargelegte Konzeption der Tektonik der Kontinentalkruste könnte man allgemein als „Tektonik des ultrabasischen Fließens" bezeichnen. Sie gestattet anzunehmen, daß die primäre endogene Ursache für die Herausbildung und Entwicklung von Oberflächenstrukturen auf den Kontinenten die Neubildung eines Bereiches von plastischen serpentinitisierten Peridotiten unter einer Decke von Granit-Gneisen ist. Die Evolution dieser Schicht im Körper der Kontinentalkruste bestimmte die Charakteristik der tektonischen Entwicklungsverhältnisse und ist letztlich die Ursache für eine Reihe von in praktischer Hinsicht wichtigen Prozessen.

Резюме

Изложенная концепция тектоники континентальной земной коры, которую в общем виде можно назвать „тектоникой ультрабазитовой деламинации", позволяет предполагать, что эндогенной первопричиной становления и развития на континентах поверхностных структур как раз и является новообразование под покровом гранито-гнейсов поля пластичных серпентинизированных перидотитов. Эволюция этого слоя в теле континентальной коры определила главные особенности режимов ее тектонического развития и послужила причиной ряда важных в практическом отношении процессов.

Summary

The presented conception on tectonics of the continental crust could be called as "Tectonics of ultrabasic flow". It allows to suppose, that primary endogeneous cause for the formation and development of surficial structures at the continents is the new formation of a region of plastic, serpentinized peridotites under a cover of granite-gneisses. Evolution of this layer in the body of continental crust determined the character of tectonic conditions of development and at least it is cause for a lot of important processes with regard to praxis.

Literatur

BELJAEVSKIJ, N. A.: Stroenie zemnoj kory kontinentov po geologo-geofizičeskim dannym. – Moskva: Izd. Nedra 1981, 431 S.

BELOUSOV, V. V.: Osnovy geotektoniki. – Moskva: Izd. Nedra 1975, 262 S.

BULKIN, N. K.: Primenenie metoda obmennych sejsmičeskich voln ot zemletrjasenija dlja izučenija verchnej časti litosfery territorii SSSR (čast' R). – Leningrad: VINITI 1984, 182 S.

EGORKIN, A. V. in: Sejsmičeskie modeli litosfery osnovnych geostruktur territorii SSSR. – Moskva: Izd. Nauka 1980, S. 161–171

EGORKIN, A. V.; ČERNYŠEV, N. M. u. a. in: Sejsmičeskie modeli litosfery osnovnych geostruktur SSSR. – Moskva: Izd. Nauka 1980, S. 61–74

ELANSKIJ, L. N.: O svjazi glubinnoj i poverchnostnoj gidrosfer Zemli. – Izv. AN SSSR, Ser. geol., Moskva (1964) 9, S. 12–20

GRUDININ, M. I.; MEN'ŠAGIN, JU. V.; LAVKEVIČ, V. V.: Rol' sljuidov pri formirovanii i granitizacii porod ul'trabazit-bazitogo rjada. – Izv. AN SSSR, Ser. geol., Moskva (1986) 6, S. 31–38

KOSYGIN, JU. A.: Tektonika. – Moskva: Izd. Nedra 1983, 536 S.

KOSMINSKAJA, I. P.; PAVLENKOVA, N. I. in: Sejsmičeskie modeli litosfery osnovnych geostruktur territorii SSSR. – Moskva: Izd. Nauka 1980, S. 141–151

KOZLOVA, E. F.; PATRUŠEVA, V. A.: Metodika i rezul'taty interpretacii gravimetričeskich materialov dlja izučenija glubinnogo geologičeskogo stroenija Russkoj plity. – Razv. geofiz., Moskva (1976) 72, S. 105–112

MILAŠEV, V. A.: Kimberlitovye provincii. – Leningrad: Izd. Nedra 1974, 235 S.

NERSESOV, I. L.; ČENKUNAS, L. S. in: Ėksperimental'naja sejsmologija. – Moskva: Izd. Nauka 1971, S. 191–203

PEJVE, A. V.: Okeaničeskaja kora geologičeskogo prošlogo. – Geotektonika, Moskva (1969) 4, S. 5–23

PORSTENDORFER, G.: Voprosy glubinnoj razvedki v GDR po dannym magnitotelluričeskich issledovanij. – Geofiz. Sb. AN SSSR, Moskva (1969) 32, S. 76–82

POSTNIKOVA, A. M. in: Zemnaja kora i verchnaja mantija Urala. – Sverdlovsk: Izd. UNC AN SSSR 1976, S. 21–26

SADOVSKIJ, M. A.: Estestvennaja kuskovatost' gornoj porody. – Dokl. AN SSSR, Moskva 247 (1979) 4, S. 829–831

SARKISOV, I. M.; VOLVOVSKIJ, JU. S.; LOBOKOVSKIJ, I. S.: Ul'trabazitovaja delaminacija zemnoj kory kontinentov. – Sov. geol., Moskva (1987) 9, S. 114–122

SEBALIN, N. V. in: Očagi sil'nych zemletrjasenii na territorii SSSR. – Moskva: Izd. Nauka 1974, S. 18–20

VINNIK, L. P.: Issledovanija mantii Zemli sejsmičeskimi metodami. – Moskva: Izd. Nauka 1976, 198 S.

VOLAROVIČ, M. P.; VOLYNEC, L. N.; LJUBIMOVA, E. A.: Ocenka temperaturnych i sejsmičeskich gradientov central'noj Turkmenii po dannym dlja skorostej prodol'nych voln pri vysokich r i T. – Izv. AN SSSR, Ser. fiz. Zemli, Moskva (1981) 7, S. 68–71

VOLVOVSKIJ, I. S.; VOLVOVSKIJ, B. S.: Razrezy zemnoj kory territorii SSSR po dannym glubinnogo sejsmičeskogo zondirovanija. – Moskva: Izd. Sov. radio 1975, 261 S.

Sejsmičeskie modeli litosfery osnovnych geostruktur territorii SSSR. – Moskva: Izd. Nauka 1980, 184 S.

Tektonosfera Zemli. – Moskva: Izd. Nauka 1978, 532 S.

Steine und Erden des Ostthüringischen Schiefergebirges

GERD SEIDEL, Weimar

Vorbemerkungen

Im Ostthüringischen Schiefergebirge treten die Schichten vom Proterozoikum bis zum Unterkarbon mit den dazugehörigen Magmatiten zu Tage. Die hier vorkommenden vielfältigen Gesteine stehen in starker Nutzung als Rohstoffe für die Steine- und Erden-Industrie. Wie in anderen Gebieten fand auch hier eine Konzentration der Produktion auf weniger Betriebe mit insgesamt erhöhter Produktion statt. Es gibt mehrere Arbeiten (s. Literaturverzeichnis) über Steine und Erden des Ostthüringischen Schiefergebirges. Hier soll ein Überblick zur Nutzung der Gesteine des Ostthüringischen Schiefergebirges gegeben werden. Die geologische Stellung der Rohstoffe geht aus Tab. 1 hervor (ohne tertiären Verwitterungslehm).

Für wertvolle Hinweise ist der Autor verpflichtet: Herrn Ing. Hartenstein, Saalburg; Frau Dipl.-Geol. Müller, Jena; Herrn Dr. Schubert, Unterloquitz und Herrn Dr. sc. Steiner, Weimar.

Werksteine und Dachschiefer

Von den Magmatiten des Ostthüringischen Schiefergebirges steht heute nur der Pikrit Seibis bei Lobenstein als Werkstein im Abbau. Dieses schwarze Gestein besitzt vorzügliche gesteinstechnische Eigenschaften (Tab. 2). Die Politur hält sich im Außenbereich von Gebäuden sehr gut. Als Beispiel für den Einsatz kann man das Kulturhaus Gera nennen. Früher nutzte man von Magmatiten auch Granit, Porphyroid und Diabas als Werkstein. Heute liest man gelegentlich in Steinbrüchen für Brecherprodukte Mauersteine von diesen Gesteinen aus. Wie aus Tab. 2 zu ersehen ist, weisen diese Gesteine gute gesteinstechnische Eigenschaften auf. Auch die früher im Abbau befindlichen Grauwacken des Unterkarbons und Quarzite des Ordoviziums (Tab. 1) besitzen günstige gesteinstechnische Eigenschaften als Werksteine. Der unterkarbonische Dachschiefer wird in Lehesten und Unterloquitz abgebaut und zu Dachschiefer verarbeitet. Als neues Beispiel für den Einsatz kann man das Dach des Schillermuseums in Weimar nennen. Einen geringen Teil des Dachschiefers nutzt man auch als Werkstein (SCHUBERT & STEINER 1970). In der Nationalen Mahn- und Gedenkstätte Buchenwald bei Weimar findet man den Werkstein als Plattenbelegungsmaterial. Bei Schmiedebach gewinnt man in geringem Umfang die Bordenschiefer des Unterkarbons zur Verwendung als Werkstein (Tab. 1). Früher standen u. a. vom Ordovizium (Tab. 1) die Dachschiefer bei Unterweißbach sowie die Phycodenschiefer bei Lobenstein und die Griffelschiefer bei Steinach als Werkstein im Abbau (HOPPE 1939). Wie aus Tab. 2 ersichtlich ist, zeigen der ordovizische Griffelschiefer sowie die unterkarbonischen Dach- und Bordenschiefer gute gesteinstechnische Werte. Der kleinknotige, schwach metamorphe Kalkstein des Oberdevons steht bei Pahren (Schubertsbruch) und Fischersdorf z. Z. im Abbau. Die Verarbeitung erfolgt im Marmorwerk Saalburg zu Dekorationsstein (Thüringischer Marmor). Neuerdings wurde er im Forschungshochhaus des VEB Kombinat Carl Zeiß Jena als Fußbodenplatten eingesetzt. Neben den heute im Abbau stehenden vorwiegend grauen Varietäten nutzte man früher auch die rote Varietät des Knotenkalkes am Vogelsberg bei Tegau. Den silurischen Ockerkalk baute man früher als Werkstein u. a. bei Döschnitz, Ebersdorf (bei Lobenstein) und Saalburg (HOPPE 1939) ab. Die o. a. Knotenkalke sowie der Ockerkalk besitzen gute gesteinstechnische Eigenschaften (Tab. 2).

Brecherprodukte und Mahlschiefer

Der karbonische Granit des Henneberges steht bei Heberndorf im Abbau. Er wird gebrochen zu Packlage, Schotter, Splitt und Brechsand. Die Brecherprodukte setzt man als Bettungsstoffe und Zuschlagstoffe ein. Als Zuschlagstoff fand er u. a. Verwendung in der Betonmauer der Hohenwarthe-Talsperre. Die gesteinstechnischen Eigenschaften sind gut (Tab. 3 und 4). Lediglich die Abriebfestigkeit zeigt einen überhöhten Wert. Das Sandäquivalent des Brechsandes beträgt 68%.
Der devonische Diabas steht bei Burgk, Lobenstein, Schlegel, Loitsch und an der Rentzschmühle im Abbau. Man stellt Packlage, Schotter, Splitt und Brechsand her. Die Brecher-

Eingang des Manuskripts in der Redaktion: 21. 12. 1989

Tab. 1. Stratigraphische Tabelle des Ostthüringischen Schiefergebirges sowie Abbau und Verwendung der Gesteine des Ostthüringischen Schiefergebirges mit Einsatzbeispielen von Werksteinen in Bauwerken (nach HOPPE 1939, SEIDEL 1965, SCHUBERT 1965, SCHUBERT & STEINER 1970, LANGE & HARTENSTEIN 1976, 1977, WEISS 1990 und eigenen Ermittlungen)

Systeme	Gesteine in Schichtenfolgen	Mächtigkeit, in m	Verwendung	Abbau	Einsatzbeispiele von Werkstein in Bauwerken
Karbon	Granit	0...300	Bettungsstoff, Zuschlagstoffe, früher Werkstein u. Pflaster	Henneberg bei Heberndorf	Eisenbahnbogenbrücken im Sormitztal[1] zwischen Leutenberg und Wurzbach
	Kulmgrauwacke, z. T. mit Grenzkonglomerat an der Basis	0...500	Bettungsstoff, Zuschlagstoff, früher Werkstein	Döbritz, Hüttengrund bei Sonneberg	Stadtmauer Pößneck
	oberer Bordenschiefer	0...100			
	Kulmwechsellagerung	0...300			
	unterer Bordenschiefer	0...200	Blähschiefer, Werkstein	Unterloquitz, Schmiedebach	
	Dachschiefer	0... 20	Dachschiefer, Wandschiefer, Werksteine, Blähschiefer	Unterloquitz, Lehesten	Sockel Buswartehalle Wurzbach, Dach- und Wandschiefer Bergkirche Masserberg
	Rußschiefer	0... 10			
	Gattendorfiakalk	0... 10			
Devon	großknotige Kalkknotenschiefer mit Quarzit	0... 25			
	kleinknotige Kalke	10... 30	Dekorationsstein, Werkstein, Zuschlagstoff, früher Baukalk und Düngekalk	Fischersdorf bei Saalfeld, Pahren (Schubertsbruch), Tegau (Vogelsberg), Löhma (Kahlleite)	Saalebrücke bei Eichigt, Schokoladenfabrik Saalfeld
	Wetzschiefer und Kalkknotenschiefer	20... 50	früher Wetzsteine, Wasserabziehsteine		
	Diabas-(Schalstein) Serie	0...200	Diabas: Bettungsstoff, Zuschlagstoff, früher Werkstein und Pflaster	Burgk, Lobenstein, Schlegel, Loitsch, Rentzschmühle	Autobahnbrücken b. Schleiz, Bahnhofstr. Oberweimar
			Pikrit	Seibis	Grabsteine
	Grauwacken-Bänderschieferserie	10... 50			
	Schwärzschiefer	30... 50			
	Tentakulitenschiefer	100...200			
	Tentakulitenknollenkalk	10... 25			
Silur	Obere Graptolithenschiefer	10... 25			
	Ockerkalk	30... 50	früher Werkstein, Baukalk und Düngekalk	früher Döschnitz	Eisenbahnbrücke Lippelsdorf, Marmorgalerie Schloß Heidecksburg in Rudolstadt
	Untere Graptolithenschiefer	20... 40			
	Kieselschiefer	0... 10	früher Bettungsstoff		
	Porphyroid	0...300	früher Zuschlag- u. Bettungsstoff	früher Neumühle	
Ordovizium	Lederschiefer	200...300			
	Hauptquarzit	0...100	früher Mauerstein, Zuschlagstoff und Bettungsstoff	früher Hüttchenberge bei Wünschendorf	Häusersockel Wünschendorf
	Oberer Eisenerzhorizont	0... 25			
	Griffelschiefer	100...130	früher Griffel, Schiefersplitt, Schiefermehl u. Werksteine	früher Steinach	
	Unterer Eisenerzhorizont	0... 5			
	Phycodenquarzit	0...150	früher Mauerstein, Zuschlag- u. Bettungsstoff	früher Wittgendorf	
	Phycodenschiefer	600...900	früher Mauerstein	früher Lobenstein	Treppen u. Gartenmauer am Parkschlößchen Lobenstein
	Dachschiefer	100	Schiefermehl, Schiefersplitt, früher Dachschiefer	Tschirma (Kreis Greiz), früher Unterweißbach (Kreis Neuhaus)	Wandschiefer am Treppenaufgang Kirms-Krakow-Haus
	Oberer Frauenbachquarzit	150	früher Bettungsstoffe		
	Frauenbachwechsellagerung	300			
	Unterer Frauenbachquarzit	150	früher Bettungsstoffe		
Kambrium	Goldisthaler Schichten	300			
	Basisquarzit	0... 50			
Proterozoikum	Katzhütter Schichten	mehr als 1000			

Tab. 2. Wichtige gesteinstechnische Werte von Werksteinen. Würfeldruckfestigkeiten bei Sedimentiten und Metamorphiten senkrecht zur Schichtung bzw. Schieferung. Zusammengestellt nach HOPPE 1939, 1954, HUTSCHENREUTER & LANGE 1973, SCHNEIDER 1974, SCHUBERT & STEINER 1971 und WAGENBRETH 1969

	Rohdichte, in g/cm³	Wasseraufnahme, in Masse-%	Würfeldruckfestigkeit, in MPa
Granit Henneberg	2,59	0,8	max. 179
Granit Zschachenmühle	2,65	0,2	279
Porphyroid Neumühle	2,64	0,6	385
Diabas Loitsch	2,73	0,6	128–206
Diabas Triebes	2,73	1,4	94–177
Diabasbrekzie Rentzschmühle	2,85	0,6	max. 98
Uralitdiabas Mellenbach	2,89	0,3	248
Pikrit Seibis	2,77–2,88	0,3–0,4	108–177
Grauwacke Döbritz	2,68	0,7	106
Quarzit Wünschendorf	2,61	1,38	226
Griffelschiefer Steinach	2,61	1,0	228
Dachschiefer Lehesten	2,69	0,3	202
Bordenschiefer Lehesten	2,78	0,5	147–284
Ockerkalk Ebersdorf bei Lobenstein	2,70	0,3	120
Knotenkalk Kaulsdorf	2,71	0,3	73
Knotenkalk Fischersdorf	2,70	0,64–0,71	59–69
Knotenkalk Vogelsberg/Tegau	2,72–2,73	0,1–0,18	39–155
Knotenkalk Kapfenberg	2,71	0,09	118–128

Tab. 3. Rohdichte, Schüttdichte, Porenanteil, Wasseraufnahme und Frostbeständigkeit von Splitten (nach HUTSCHENREUTER & LANGE 1973, SEIDEL 1986 und WEISS 1990)

	Rohdichte, in g·cm⁻³	Schüttdichte, in kg·dm⁻³	Porenanteil, in Vol.-%	Wasseraufnahme, in Masse-%	Frostbeständigkeit, 4 mm-Sieb Durchgang in Masse-%
Granit Henneberg, Karbon	2,62	1,32	1,8	0,44	0,4
Diabas Loitsch, Devon	2,77	1,35	2,5	1,0	0,2
Diabasbrekzie Rentzschmühle, Devon	2,88	1,35	1,7	0,6	0,3
Quarzite Schwarzburger Sattel, Ordovizium	2,62	n. b.	2,24	1,78	0,12
Grauwacke Hüttengrund, Karbon	2,63	n. b.	3,66	1,18	0,30
Grauwacke Döbritz, Karbon	2,68	n. b.	1,1	0,7	n. b.

Tab. 4. Drucktopffestigkeit, Schlagfestigkeit, Abriebfestigkeit und Fehlförmigkeit von Splitten (nach HUTSCHENREUTER & LANGE 1973, SEIDEL 1986 und WEISS 1990)

	Drucktopffestigkeit, Durchgang 4-mm-Sieb	Schlagfestigkeit, Durchgang 4-mm-Sieb	Abriebfestigkeit, Durchgang 2-mm-Sieb	Fehlförmigkeit, in Masse-%
Granit Henneberg, Karbon	14,8	27	48,7	22
Diabas Loitsch, Devon	5,3	12,6	16,8	21
Diabasbrekzie Rentzschmühle, Devon	9,1	n. b.	17,4	42
Quarzite Schwarzburger Sattel, Ordovizium	9,91	34,3	32,0	n. b.
Grauwacke Hüttengrund, Karbon	11,9	n. b.	21,6	n. b.
Grauwacke Döbritz, Karbon	14,4	n. b.	21,8	38

produkte setzt man als Bettungsstoffe und als Zuschlagstoffe ein. Besonders im Bitumenbeton zeigt der Diabas (im Straßenbau) gegenüber anderen Gesteinen eine bessere Umhüllung des Gesteinskorns vom Bindemittel. Als Zuschlagstoff im Zementbeton fand er u. a. Verwendung in der Sperrmauer der Bleilöch-Talsperre. Der Diabas (Tab. 3 und 4) zeigt gute gesteinstechnische Eigenschaften. Hervorzuheben sind die gute Schlagfestigkeit und Abriebfestigkeit. Den hohen Fehlkornanteil der Diabasbrekzie Rentzschmühle kann man auf das brekziöse Gefüge zurückführen. Das Sandäquivalent des Brechsandes vom Diabas beträgt 53 bzw. 54% (Rentzschmühle und Loitsch).

Die Kulmgrauwacke (Karbon) steht bei Döbritz und im Hüttengrund nördlich von Sonneberg im Abbau. Man stellt Packlage, Schotter, Splitt und Brechsand her. Die Brecherprodukte setzt man als Bettungsstoffe und Zuschlagstoffe ein. Bis auf die Fehlförmigkeit sind die gesteinstechnischen Eigenschaften gut. Die Fehlförmigkeit ist auf die Schieferung der Grauwacken und einen Anteil an Tonschiefern im Brechkorn zurückzuführen.

Die kleinknotigen Kalke des Oberdevons baut man bei Tegau (Vogelsberg) und Löhma (Kahlleite) ab. Sie werden zu Splitt und Schotter gebrochen. Ihr Einsatz erfolgt als roter (Tegau) und grauer (Löhma) Zuschlagstoff im Agglomeratmarmor (Bindemittel: Zement). Neben diesen Zuschlagstoffen setzt man noch weißen erzgebirgischen Marmor sowie den Sägeabfall der Marmorproduktion (z. T. inländische und ausländische Marmore) mit verschiedenen Farben ein. Die 3 cm starken, polierten Agglomeratmarmorplatten können wegen fehlender Frostbeständigkeit nur im Innenbereich von Gebäuden eingesetzt werden.

Den ordovizischen Dachschiefer (Tab. 1) baut man bei Tschirma (Kreis Greiz) ab und stellt daraus Schiefermehl und Schiefersplitt her. Diese Produkte dienen als Füllstoff für verschiedene Zwecke und zur Dachpappenbestreuung.

Keramik-, Glas- und Bindemittelrohstoffe

Die Ziegelei Tanna baut das tertiäre Verwitterungsprodukt des Schiefergebirges ab und stellt daraus Vollziegel her. 1960 produzierten noch die Ziegeleien Unterreichenau, Liebengrün und Remptendorf Ziegel aus dem z. T. auch umgelagerten tertiären Verwitterungsprodukt (SEIDEL 1962). Es handelt sich um illitische und chloritische, weniger kaolinitische Verwitterungslehme mit Quarz, Feldspat und Eisenoxid. Die geringen Tonanteile und vor allem die z. T. unverwitterten Gesteinsreste erlauben nicht die Herstellung von Hohlziegeln oder Dachziegeln im heutigen Großbetrieb. Die Produktion von Vollziegeln (z. T. Hartbrandsteine) ist möglich. Gebiete der tertiären Verwitterungslehme mit Kalken und Alaunschiefern sind wegen Kalkabplatzungen sowie Ausblühungen am Ziegel zu meiden.

Früher baute man die Kulmwechsellagerung (Tonschiefer und Grauwacke) bei Lobenstein ab und stellte daraus im Trockenpreßverfahren Vollziegel her.

In Unterloquitz steht der unterkarbonische untere Bordenschiefer im Abbau. Er wird zur Herstellung von Blähschiefer (Porensinter — Leichtzuschlagstoffe) eingesetzt. In geringem Maße nutzt man auch den Abfall der Dachschieferproduktion aus dem Unterkarbon zur Porensinterproduktion. Aus Tab. 5 geht der Chemismus wichtiger Pelite des Schiefergebirges hervor. Auf Grund von Laboruntersuchungen einzelner Proben aus diesen Tonschiefern zeigte der Graptolithenschiefer die beste Blähfähigkeit (SEIDEL 1962).

LANGE & BERGER (1984) wiesen im Labor- und kleintechnischen Versuch die Herstellungsmöglichkeit von Schieferschaumglas aus Schiefermehl und Treibmittel bei mehr als 1300 °C nach. Sie schlagen eine Verwendung als Zuschlagstoff für konstruktiven Feuerleichtbeton vor.

Nach LANGE & HARTENSTEIN (1976) stellte man früher aus dem silurischen Ockerkalk (Wurzbach) und dem devonischen Knotenkalk (Görkwitz, Schönbrunn, Pöritzsch) Branntkalk her. Er wurde als Baukalk und Düngekalk eingesetzt. Auf Grund des geringen Kalkgehaltes dieser Kalksteine kam die Produktion zum Erliegen. Als Beispiel seien die Analysen dieser Kalksteine in Tab. 6 angegeben. Diese tonigen Kalksteine sind auf Grund ihres Chemismus für die Zementherstellung geeignet. Die ungünstige Lagerstättenausbildung (geringe Mächtigkeit, Faltung) ist jedoch für eine Großproduktion ungeeignet.

Tab. 5. Chemismus wichtiger Pelite (in Masse-%) nach SEIDEL 1962 und SCHUBERT & STEINER 1971

	SiO_2	Al_2O_3 + TiO_2	Fe_2O_3	CaO	MgO	Na_2O	K_2O	GV
Katzhütter Schichten, Jungproterozoikum, Oberer Werragrund	70,09	16,32	3,92	0,95	1,08	2,99	2,34	2,73
Dachschiefer der Phycodenschichten, Ordovizium, Obere Dachschieferhalde Unterweißbach	64,4	20,1 0,9	6,0	0,4	0,1	1,2	3,0	3,7
Griffelschiefer, Ordovizium, Bohrung Rudolstadt 5 bei 440 m	53,4	25,9	11,2	0,9	0,9	0,7	3,6	4,5
Lederschiefer, Ordovizium, Bohrung Dittrichshütte 14 bei 45 m	57,0	20,4	9,7	1,4	1,0	0,7	3,5	6,4
Oberer Graptolithenschiefer, Silur, Bleilochtalsperre gegenüber Wetterabrücke	67,9	16,6	4,5	1,1	1,3	0,6	3,3	5,0
Tentakulitenschiefer, Devon, Molmitztal nordöstlich Gräfenwarth	50,99	24,15	10,8	1,21	0,87	0,94	2,87	8,15
Schwärzschiefer, Devon, Bohrung Remschütz bei 431 m	57,63	18,12	9,48	2,39	2,12	1,14	2,4	6,23
Bänderschiefer, Devon, Dürrental südwestlich Oschitz	46,54	20,48	15,44	3,99	4,35	1,31	1,75	6,41
Dachschiefer, Karbon, ehemalige Ziegeleigrube Blintendorf	56,1	20,7	9,5	2,0	1,5	1,0	3,0	5,5
Dachschiefer, Karbon, Grube Brand, Unterloquitz	61,9	22,8	5,4	0,5	2,2	n. b.	n. b.	n. b.
Dachschiefer, Karbon, Blauer Stein Lehesten	61,1	22,9 0,9	7,2	0,4	1,9	0,5	1,0	4,7
Dachschiefer, Karbon, Dunkler Stein	65,4	17,2 0,5	7,5	0,5	1,6	0,2	1,3	5,6
Kulmwechsellagerung, Karbon, ehemalige Zielgeleigrube Lobenstein	67,3	16,9	5,4	0,8	1,8	1,1	2,7	4,2
Verwitterungslehm Schiefergebirge, Ziegeleigrube Tanna	46,8	21,2	14,0	0,9	7,1	0,1	0,8	9,1

Tab. 6. Chemismus wichtiger Kalksteine (in Masse-%)

	Glühverlust (1000 °C)	SiO_2	Al_2O_3	Fe_2O_3	CaO	MgO	K_2O	Na_2O
Ockerkalk Steinach–Haselbach, Silur	39,9	6,6	2,7	1,29	49	0,8	0,43	–
Ockerkalk Döschnitz/Blankenburg, Silur	38,4	8,2	3,6	1,9	47,3	0,7	0,29	–
Knotenkalk Fischersdorf Devon	30,7	19,3	9,0	2,4	34,9	1,7	2,01	0,09
Knotenkalk Tegau (Vogelsberg), Devon	40,8	4,1	2,7	0,71	52,3	–	0,36	–
Knotenkalk Schubertsbruch, Devon	39,9	5,8	2,7	1,25	50,9	–	0,32	0,03

Zusammenfassung

Es erfolgt eine Bewertung der Steine und Erden des Ostthüringischen Schiefergebirges. Von den in Tab. 1 angeführten Gesteinskomplexen wird jeder fünfte genutzt. Insgesamt stehen 18 Abbaue in diesen Gesteinen. Eine mehrfache Verwendung des Gesteins eines Abbaues wirkt sich günstig auf einen stabilen Absatz aus.

Резюме

Произведена оценка месторождений строительных материалов Восточно-Тюрингенских Сланцевых гор. Из перечисленных в таблице I комплексов пород используется каждый пятый. В общей сложности действуют 18 разработок в этих породах. Разнообразное использование пород в каждой разработке положительно сказывается на стабильности сбыта.

Summary

Pit and quarry industries of the East Thuringian Slate Mountains are estimated. Every fifth of the rock complexes is used as shown in tabe 1. As a whole, 18 mines are working. A manyfold use of the rocks of one mining is favourable for a stable sale.

Literatur

HOPPE, W.: Vorkommen und Beschaffenheit der Werk- und Dekorationssteine in Thüringen. – Berlin: Union Deutsche Verlagsgesellschaft Roth und Co. 1939, 144 S.

– Geologie der Kalk- und Zementindustrie der DDR. – In: Fachkunde für Kalk- und Zementwerker, Bd. 1. Leipzig: Fachbuchverlag GmbH 1953, S. 1–22

– Technische Prüfung und Beurteilung der natürlichen Gesteine. – Weimar: Hochsch. Archit. Bauwes. Weimar, Sekt. Baustoffverfahrenstechnik, WB Silikattechnik 1954 (unveröff. Ber.)

HUNDT, R.: Die nutzbaren Gesteine Ostthüringens. – Halle 1931

HUTSCHENREUTER, R.; LANGE, P.: Wie wirkt sich verwittertes Gestein auf die Marshall-Stabilität aus? – Straße, Berlin 13 (1973) 9

LANGE, P.; HARTENSTEIN, O.: Zur Entwicklung der Baustoffindustrie in Südostthüringen. – Wiss. Z. Hochsch. Archit. Bauwes., Weimar T. 1 23 (1976) 4, S. 403–411, T. 2. 24 (1977) 5, S. 427–434

LANGE, P.; BERGER, I.: Schieferschaumglas. – Silikattechnik, Berlin 35 (1984) 1, S. 20–22

PESCHEL, A.: Natursteine. 2. Aufl. – Leipzig: VEB Deutscher Verlag für Grundstoffindustrie 1983, 448 S.

SCHNEIDER, H. E.: Steine und Erden. – In: Geologie von Thüringen. Gotha: Hermann Haack 1974, S. 918–939

SCHUBERT, R.; BÖTTCHER, J.: Lagerstättenprobleme der Mahlschieferindustrie der DDR. – Z. angew. Geol., Berlin 11 (1965) 3, S. 122–126

SCHUBERT, R.; STEINER, W.: Der Thüringer Dachschiefer als Werk- und Dekorationsstein. – Wiss. Z. Hochsch. Archit. Bauwes. Weimar, Weimar 17 (1970) 5, S. 531 bis 550

– Der Thüringische Dachschiefer als Werk- und Dekorationsstein. – Z. angew. Geol., Berlin 17 (1971) 1/2, S. 47–55

SEIDEL, G.: Lagerstätten und Beschaffenheit der Tone Thüringens sowie ihre Eignung in der Grobkeramik. – Freib. Forsch.h. R. C 141, Berlin (1962) S. 1–167

– Übersicht über die geologische Stellung der Lagerstätten Thüringens. – Bergakademie, Leipzig 17 (1965) S. 397–403

– Zur Eignung und zum Einsatz von Brecherprodukten als Zuschlagstoffe für Zementbeton. – Betontechnik, Berlin 7 (1986) S. 89–92

WAGENBRETH, O.: Lagerstätten der Werk- und Dekorationssteine in der DDR. – Z. angew. Geol., Berlin 15 (1969) 10, S. 536–547

– Technische Gesteinskunde. – Berlin: Verlag für Bauwesen 1979, 192 S.

WEISS, B.: Ausbildung und Eignung der Steine- und Erden-Rohstoffe im Bezirk Suhl. – Weimar: Hochsch. Arch. Bauwes. Weimar, Diss. A 1990

Kontrolle der chemischen Serienanalysen auf dem Gebiet der Geologie

JOSEF DEMPIR, Kutná Hora, ČSFR

Zweck der Serienanalysen ist es, so rasch und billig wie möglich Informationen über die chemische Zusammensetzung der analysierten geologischen Proben zu bekommen. An die Qualität der Serienanalysen werden normalerweise nicht so hohe Ansprüche gestellt wie an die der wissenschaftlichen Analytik. Dementsprechend werden die Serienanalysen der geologischen Objekte nur einfach vorgenommen. Prinzipiell wird aber der Kontrolle der Richtigkeit der Analysenwerte große Aufmerksamkeit gewidmet, d. h., es wird geprüft, ob sich die einfache Grundbestimmung nicht signifikant von der Kontrollbestimmung unterscheidet.
Es kommen drei Arten der Kontrolle zur Anwendung:

a) Die Selbstkontrolle wird von demselben Analytiker durchgeführt. 5 bis 10% der Proben werden zweimal analysiert und die Differenzen der beiden Resultate vom Laborleiter subjektiv beurteilt.

b) Die interne Kontrolle wird in demselben Labor, aber von einem anderen Analytiker durchgeführt. Der internen Kontrolle unterliegen 3 bis 10% der Proben, die unter einer Chiffre zur Analyse gelangen. Es werden zwei Parallelbestimmungen vorgenommen, und die Differenz zwischen der Grundbestimmung und dem Mittelwert der internen Kontrolle darf in 80% der Fälle die vorgeschriebene Toleranz nicht überschreiten. Der Begriff „Toleranz" wird im weiteren Text erläutert.

c) Die externe Kontrolle wird in einem fremden, unabhängigen Labor durchgeführt. Sie wird an etwa 3 bis 10% der Proben vorgenommen. Dabei ist empfehlenswert, in die externe Kontrolle einen Teil der Proben einzubeziehen, die schon der internen Kontrolle unterworfen wurden. Es werden drei Parallelbestimmungen mit grundsätzlich verschiedenen Einwaagen des zu kontrollierenden Materials durchgeführt. Die Differenz zwischen der Grundbestimmung und dem Mittelwert der externen Kontrolle muß wiederum in 80% der Fälle kleiner sein als die vorgeschriebene Toleranz.

Für die Anzahl der Kontrollbestimmungen gilt folgende Orientierung: Bei unbekanntem Material, besonders dann, wenn eine neue analytische Methode eingesetzt wird, wählt man den Prozentanteil der Kontrollproben höher als bei bekanntem Material, zu dessen Analyse ein gut ausgearbeitetes analytisches Verfahren zur Verfügung steht. Zur Kontrolle kleiner Probenserien nimmt man relativ mehr Proben als bei

Eingang des Manuskripts in der Redaktion: 9. 1. 1990

großen Serien. Die Anwendung der Faustregel, daß die Anzahl der Kontrollbestimmungen ungefähr der zweiten Wurzel der Gesamtanzahl entsprechen soll, führt zu folgenden Werten:

Bei einer Gesamtanzahl der analysierten Proben von 100 sind 10 Proben zu kontrollieren (entsprechend 10% rel.); bei einer Gesamtanzahl der analysierten Proben von 1000 sind 33 Proben zu kontrollieren (entsprechend 3,3% rel.).

Toleranzwerte

Unter Toleranz T versteht man die maximal zulässige Differenz zwischen der Grundbestimmung und a) dem Mittelwert zweier Kontrollbestimmungen bei der internen Kontrolle, b) dem Mittelwert dreier Kontrollbestimmungen bei externer Kontrolle.

Die Toleranzwerte wurden für die Komponenten (Oxide und Elemente) an verschiedenen Typen technisch wichtiger Rohstoffe abgeleitet (DEMPIR 1975). Auf Grund des experimentellen Materials, und wo solches nicht vorhanden war auf Grund der Erfahrung, wurden Toleranzwerte für den Konzentrationsbereich von 0,0005 bis 100% vorgeschlagen. Je nach der Schwierigkeit der analytischen Bestimmung sind sechs Toleranzklassen zu unterscheiden. Die Toleranzgröße der i-ten Klasse T_i für die Konzentration C%, wie sie durch die Grundbestimmung festgestellt worden ist, läßt sich mit folgender Formel berechnen:

$$T_i = a_i \cdot c^{\frac{5,8}{\log c + 10}}; \quad c = (0{,}0001-100)\ \%$$

Die Koeffizienten a_i haben für die einzelnen Klassen ($i = 1$ bis 6) folgende Werte:

$a_1 = 0{,}10$; $a_2 = 0{,}13$; $a_3 = 0{,}16$; $a_4 = 0{,}21$; $a_5 = 0{,}26$; $a_6 = 0{,}32$.

Für die Kontrolle der Silber- und Goldbestimmungen sind spezielle Toleranzen vorgeschlagen worden. Die Konzentration wird in diesen Fällen in ppm angegeben (JANAČEK, persönl. Mitt.).

$$T_{Ag} = c^{\frac{2}{\log c + 4}}; \quad c = 1-100 \text{ ppm Ag}$$

$$T_{Ag} = 0{,}1c; \quad c > 100 \text{ ppm Ag}$$

$$T_{Au} = 0{,}61 \cdot c^{\frac{5,8}{\log c + 8,47}}; \quad c = 0{,}1-10 \text{ ppm Au}$$

$$T_{Au} = 0{,}25c; \quad c > 10 \text{ ppm Au}$$

Die Einordnung der einzelnen Komponenten in die Toleranzklassen für Nichterze ist in Tab. 1 und für Erze in Tab. 2 wiedergegeben.

Bemerkungen zur Tab. 1:

a) bei Glassanden und Quarziten gilt für die SiO_2-Bestimmung im Konzentrationsbereich $c = 95$ bis 100% die Toleranz $T = 0{,}5$ bis 0,3% SiO_2. Die Grundbestimmung wird zweimal ausgeführt.
b) Bei Tonen und Kaolinen gilt für die CaO-Bestimmung, bei einem CaO-Gehalt $< 1\%$, die Toleranz 0,2% CaO.
c) bei Glas- und Gießereisanden, Quarziten und Kieselgur gilt für die CaO-Bestimmung die in der Tab. 1 angegebene Toleranz nur für Gehalte $> 0{,}1\%$ CaO.
d) die Toleranz für Na_2O, K_2O und SO_3 für alle Typen von Nichterzen gilt nur für Gehalte $> 0{,}1\%$ Na_2O, K_2O und SO_3.
e) Für mit HNO_3 ausgelaugtes Eisen gilt die Toleranz T 5.

Bemerkungen zur Tab. 2:

a) Für die Ag-Bestimmung im Konzentrationsbereich > 1 ppm gilt eine spezielle Toleranz.
b) Für die Au-Bestimmung im Konzentrationsbereich $> 0{,}1$ ppm gilt eine spezielle Toleranz.
c) Für die Bestimmung von $BaSO_4 + SrSO_4$ gilt die in Tab. 2 angegebene Toleranz $\geqq 1\%$.

Beispiele

1. Bei der Bestimmung von TiO_2 in Kaolin wurden 0,77% TiO_2 festgestellt. Die externe Kontrolle ergab Werte von 0,88, 0,91, 0,91 (Mittelwert 0,90). Es ist zu prüfen, ob die Grundbestimmung der Toleranz entspricht. TiO_2 in Kaolin gehört in die 4. Toleranzgruppe.

$$T_4 = 0{,}21 \cdot 0{,}77^{\frac{5,8}{\log 0,77 + 10}} = 0{,}18\%\ TiO_2$$

Tab. 1. Toleranzklassen einiger Oxide und Elemente in Nichterzen

Nichterze	SiO_2	TiO_2	Al_2O_3	ΣFe_2O_3	MnO	CaO	MgO	Na_2O[d]	K_2O[d]	CO_2	GV	ΣSO_3[d]	P_2O_5	$CaCO_3$	CaF_2	$BaSO_4$	Pb	
Tone	3	4	4	5	4	6[b]	5	4	4	—	3	—	—	—	—	—	—	
Kaoline	3	4	4	3	—	6[b]	4	4	4	—	3	5	—	—	—	—	—	e)
Silikate und Tonschiefer	3	4	4	4	4	5	4	4	4	—	3	4	4	—	—	—	—	
Glassand	a)	5	3	1	—	4[c]	3	4	4	—	—	—	—	—	—	—	—	
Gießereisand	4	5	3	4	—	4[c]	3	4	4	—	—	—	—	—	—	—	—	
Quarzite	a)	5	3	3	—	4[c]	3	4	4	—	—	—	4	—	—	—	—	
Kieselgur	3		3	3	—	4[c]	3	4	4	—	3	4	—	—	—	—	—	
Feldspäte	3	4	4	3	—	5	4	4	4	—	—	5	—	—	—	—	—	
Flußspäte	5		5	4	—	4	—	—	—	—	—	—	—	b	6	4	—	
Magnesite	5	5	5	3	4	5	3	5	5	—	3	5	—	—	—	—	—	
Kalksteine	5	5	5	4	4	2	4	5	5	3	3	5	5	—	—	—	—	
Dolomite	5	5	5	4	4	3	4	5	5	3	3	5	5	—	—	—	—	

Tab. 2. Toleranzklassen einiger Elemente und Oxide in Erzen

Erze	Ag[a]	Au[b]	As	$BaSO_4$	Bi	CaO	Cd	Co	Cr	Cu	Hg	Fe	MgO	Mn	Mo	Ni	P	$S_{sulf.}$	ΣS	Sb	SiO_2	Sn	Pb	W	Zn
Fe-Erze	—	—	4	5[c]	—	5	—	—	—	3	4	2	5	3	—	—	4	5	5	4	3	—	—	—	—
Sb-Erze	—	—	4	—	—	—	—	—	—	—	—	—	—	—	—	—	—	5	5	4	3	—	—	—	—
Hg-Erze	—	—	4	—	—	—	—	—	—	—	4	—	—	—	—	—	—	5	5	4	—	—	—	—	—
Sn–W-Erze	—	—	4	—	5	—	—	—	—	3	—	—	—	—	4	—	—	—	—	—	—	4	5	4	4
Polymetallische Erze	—	—	4	—	4	—	4	—	—	3	—	4	—	—	5	—	—	5	5	4	—	—	3	—	3
Ni–Co-Erze	—	—	4	—	—	—	—	3	4	—	—	—	—	—	—	3	—	5	5	—	—	—	—	—	—

Die Differenz (0,77−0,90) ist absolut genommen kleiner als T_4, dementsprechend ist der Wert 0,77% TiO_2 als richtig anzusehen.

2. Bei der Analyse von Eisenerz wurden 35,6% Fe bestimmt. Die interne Kontrolle ergab die Werte 36,7 und 36,5% Fe (Mittelwert 36,6% Fe). Fe in Eisenerz gehört zur 2. Toleranzgruppe.

$$T_2 = 0{,}13 \cdot 35{,}6^{\overline{\frac{5{,}8}{\log 35{,}6 + 10}}} = 0{,}78\%\ \mathrm{Fe}$$

Die Differenz (35,6−36,6) = 1,0 ist größer als T_2; der Wert 35,6% Fe ist als nicht akzeptabel zu verwerfen.

3. Durch geochemische Untersuchung wurden 33 ppm Pb festgestellt. Die Werte der externen Kontrolle waren: 45, 50 und 52 ppm Pb (Mittelwert 49 ppm Pb).
Pb gehört zur 3. Toleranzgruppe.

$$T_3 = 0{,}16 \cdot 0{,}0033^{\overline{\frac{5{,}8}{\log 0{,}0033 + 10}}} = 0{,}0019\%\ \mathrm{Pb}$$

Die Differenz (33−49) = 16 ppm ist kleiner als T_3. Daraus folgt, daß die Grundbestimmung 33 ppm als richtig anzunehmen ist.

4. Wie groß ist die Toleranz einer Goldbestimmung bei 2 ppm Au?

$$T_{Au} = 0{,}61 \cdot 2^{\overline{\frac{5{,}8}{\log 2 + 8{,}47}}} = 0{,}96\ \mathrm{ppm\ Au}$$

Der Mittelwert der Kontrollbestimmungen kann 2,96 oder 1,04 ppm Au betragen.

Zusammenfassung

Die Qualität der geologischen Serienanalysen aus chemischen Laboratorien wird auf der Grundlage sogenannter Toleranzen geprüft. Unter Toleranz versteht man die maximal zulässige Differenz zwischen der Grundbestimmung, die einfach durchgeführt wird, und dem Mittelwert zweier Kontrollbestimmungen (bei interner Kontrolle), bzw. dem Mittelwert dreier Kontrollbestimmungen (bei externer Kontrolle). Es werden die Toleranzwerte für verschiedene Komponenten der Nichterzproben, Erzproben, Gold und Silber in Abhängigkeit von der Konzentration angeführt.

Резюме

Качество серийных геологических анализов химических лабораторий проверялось на основании так называемого фактора допустимости. Под этим понимается максимальное допустимое расхождение между обычным определением и средним значением двух контрольных определений (при внутреннем контроле) или средним значением трех контрольных определений (при внешнем контроле). В работе приводятся значения допустимости для различных компонентов нерудных и рудных проб, золота и серебра в зависимости от концентрации.

Summary

Quality of geological serial analyses from chemical laboratories is tested on the base of so-called tolerances. Tolerance is the maximum permissable difference between basal determination which is carried out once and the average value of two controlling determinations (by internal control), respectively the average value of three controlling determinations (by external control). Tolerance data for different components of non-ore samples, ore samples, gold and silver in dependence of concentration are presented.

Literatur

DEMPIR, J.: Toleranzwerte der analytischen Serienanalysen. – Geol. průzkum, Praha 17 (1975) S. 331

Tagungsberichte

Second World Congress on Non-metallic Minerals

WOLFGANG JUNG, Dresden; H. SCHUBERT, Freiberg; MANFRED STÖRR, Greifswald

Der zweite Weltkongreß über nichtmetallische Rohstoffe fand vom 17. bis 21. 10. 1989 in Beijing, VR China, statt. Er stand unter dem zentralen Thema: „Die effektive Entwicklung und Nutzung von nichtmetallischen Mineralen“.
Die Organisation des Treffens lag in gemeinsamer Arbeit bei der Chinesischen Silikat-Gesellschaft, der Jugoslawischen Union der Ingenieure und Techniker, Bergleute, Geologen und Metallurgen, der United Nations Industrial Development Organization (UNIDO) und „Industrial Minerals“ of the Metal Bulletin Journals Ltd. of London, UK and New York, USA.
245 Vorträge aus 35 Ländern (vorzugsweise aus dem Gastland) hatten das Akademische und das Beratende Komitee ausgewählt. Sie lagen bei Beginn des Kongresses gedruckt vor. Diese Fortschrittsberichte umschließen ein breites wissenschaftliches Spektrum, das von der Geologie über Bergbau und Aufbereitung bis hin zur Herstellung vielfältiger Produkte reicht.
Aus Gründen der besseren Handhabung sind drei Bände gedruckt worden

Volume I	Geologie, 332 S.
Volume II	Bergbau, 322 S.
Volume III	Aufbereitung und Anwendung, 437 S.

Der Großteil der Beiträge liegt in englischer Sprache vor. Nur wenige sind in russisch. Daneben gibt es natürlich eine Ausgabe in chinesischer Sprache.
Interessenten können die Kongreßmaterialien in Freiberg (Wissenschaftsbereich Mechanische Verfahrenstechnik und Aufbereitungstechnik der Begakademie sowie Forschungsinstitut für Aufbereitung der AdW), Dresden (Institut für mineralische Rohstoff- und Lagerstättenwirtschaft) und in Greifswald (Sektion Geowissenschaften der Universität) einsehen bzw. ausleihen.
Da die Plenarvorträge der UNIDO-Vertreter nicht in den vorstehend genannten Druckerzeugnissen enthalten sind, werden sie kurz referiert.

P. HARBEN: *Industrieminerale in LDCs*

Die Rolle der Marktbetrachtung in der nationalen Entwicklungsstrategie

Ohne einen Markt ist eine Mineral-Lagerstätte nur eine geologische Kuriosität. Marktbetrachtungen sind daher auch für mineralische Rohstoffe eine Hauptvoraussetzung. Eine breit angelegte Marktstudie kann durch die Eliminierung jener Minerale oder Areale mit geringen oder keinen Möglichkeiten der Kommerzialisierung Teil eines Forschungsprogramms sein.
Unter Zugrundelegung dieser Gedanken behandelt der Autor den Bergbau auf Industrieminerale in den niedrig entwickelten Ländern, stellt ihren derzeitigen Weltversorgungsbeitrag dar und erläutert die weiteren Gegebenheiten und Chancen. Aus seinen Schlußfolgerungen wird hier abgehoben:

1. Die Ausbeutung von Industriemineral-Lagerstätten eröffnet langfristig Vorteile für die Entwicklungsländer.
2. Das nationale Inventar von Mineral-Lagerstätten sollte im Licht des heimischen — und des Export-Marktes überprüft und mit notwendiger Tiefenschärfe studiert werden.
3. Die im Zusammenhang mit einem bergmännischen Neuaufschluß auftretenden Schwierigkeiten können ungeheuer sein.
4. Jedes Land sollte deshalb genau seine Grenzen und Attribute erkennen und sich nicht durch patriotische Leidenschaft blenden lassen.
5. Trotz der Barrieren gibt es Möglichkeiten auf dem Gebiet der Industrieminerale, sie erfordern aber konzentrierte Bemühungen von vielen Seiten.

R. NOETSTALLER: *Die Entwicklung der Subsektoren der nichtmetallischen Rohstoffe — Bedeutung und Fragen*

Für analytische Zwecke werden die nichtmetallischen Rohstoffe in drei Subkategorien unterteilt:

1. Baumaterialienrohstoffe (Sand, Kies, Splitt, Ton, Zement). Sie sind pro Einheit von relativ geringem Wert, werden aber in großen Mengen produziert und verbraucht, und zwar im Weltdurchschnitt von 100 bis 1600 kg pro Kopf und Jahr.

2. Düngemittel und Chemierohstoffe (Salz, Kali, Natriumkarbonat, Phosphat, Schwefel). Sie nehmen hinsichtlich Wert und Menge eine Mittelstellung ein. Die jährliche Welt-Pro-Kopf-Produktion schwankt zwischen 10 und 40 kg.

3. Vielseitig einsetzbare Rohstoffe (Talk, Baryt, Flußspat, Asbest, Feldspat, Graphit, Glimmer und viele andere). Die in diese Gruppe einzuordnenden Industrieminerale sind von relativ hohem Wert und geringem Produktionsvolumen und mit den Hauptmetallen vergleichbar.
Die bestehenden Zusammenhänge zwischen Intensitätsgrad der Nutzung der Subsektoren und dem erreichten generellen Entwicklungsstand eines Landes wurden diskutiert und die Zwänge erläutert, denen hauptsächlich die Entwicklungsländer beim Aufschluß von Lagerstätten gegenüberstehen (z. B. Informationslücken, Umwelt-, Infrastruktur- und politische Probleme sowie Mangel an Technik und Technologien). Verantwortliche und gut koordinierte langfristige Landesplanung, die den nichtmetallischen Rohstoffen einen hohen Stellenwert beimißt, ist ein wesentlicher Beitrag für die Stimulierung ökonomischen Wachstums.

Im Plenarvortrag von G. M. Clarke *Industrial Minerals-Märkte und Verfügbarkeit einiger Feuerfestminerale* wurden Zirkon, Graphit, Magnesit und Bauxit behandelt. Dieser Beitrag wird in der Zeitschrift Industrial Minerals erscheinen.

Sektion Geologie

Auf dem Gebiet der Geologie wurden 80 Beiträge von Autoren aus 17 Ländern vorgelegt, davon 47 China, 14 UdSSR, 3 Bulgarien, 3 USA und je eine Arbeit aus Ägypten, Äthiopien, Botswana, Brasilien, der ČSR, Großbritannien, dem Iran, Jugoslawien, Nigeria, Sri Lanka, Südkorea und Vietnam.
Die Beiträge erfassen einen breiten Ausschnitt der Gesamtpalette der nichtmetallischen Rohstoffe. Der Hauptteil beschäftigt sich mit Tonrohstoffen, vor allem mit Kaolin und Bentonit (26 Vorträge). 11 Aufsätze sind methodischen und rohstofftechnologischen Fragen gewidmet. Die weiteren Arbeiten beinhalten Resultate zu folgenden Rohstoffen: Asbest, Salze, Quarz und Kieselsäure, Edelsteine, Diatomit, Marmor, Wollastonit und Sillimanit, Zeolithe sowie Graphit, Perlit, Phosphat, Nephelinsyenit, Coelestin, Bauxit und Seltene Erden.
Aus den Rohstoff-Beiträgen soll die Arbeit von Luo Yiqing „*China's gemstone resources and geology*" herausgehoben werden. Es werden Angaben gemacht zu Diamant, Saphir, Rubin, Zirkon, Granat, Olivin, Beryll, Topas, Turmalin, Türkis, Malachit, Nephrit, Jade und Achat. Bemerkenswert sind die Resultate der Diamantproduktion.
Die systematische Erkundung begann in den 50er Jahren, die Errichtung der Produktionsanlagen erfolgte in den 60er, und die Förderung wurde in den 70er—Anfang der 80er Jahre aufgenommen. Kimberlite finden sich in den alten Massiven der Guizhou, Shandong und Liaoning Provinzen. Neben Diamant ist in China Saphir von wesentlicher Bedeutung, der in Edelsteinqualität vor allem in tertiären Alkalibasalten auftritt. Den für Chinas Kultur typischen Jade behandelt Wen Guang. Die Untersuchungen zeigen, daß die hochwertigen helleren Nephrite vorwiegend in den Marmoren aus Tremolit bestehen und die dunkleren, billigeren Aktinolith-Nephrite in den Serpentiniten auftreten.
Aus den methodischen Arbeiten können folgende Resultate mit Nutzen in die Forschung der DDR direkt einfließen:

1. Mikroanalyse von Tonmineralen
Die vorgetragenen Ergebnisse entsprechen unseren eigenen Zielstellungen, mittels Mikroanalyse die chemische Zusammensetzung von Tonmineralen zu ermitteln.

2. Der Vortrag von He Mingyue u. a. über „*Messung der Kristallinität von Quarz und ihre geologische Bedeutung*" zeigt eine Möglichkeit, unterschiedliche Quarzvarietäten zu erfassen.
Mit dieser Methode wird geprüft werden, inwieweit die variable Quarzlöslichkeit in der Glasphase unserer Glassande und Kaoline damit erklärbar sind.

3. Die von Ke Zou Kai u. a. entwickelte Methode zur Berechnung des Mineralbestandes aus der chemischen Analyse erweitert eigene Rechenprogramme.

4. Die von Sonza Santos u. a. vorgestellten Resultate zur thermischen Transformation von Schichtsilikaten sind eine wesentliche Hilfe bei der Interpretation der Dilatationseffekte eigener Untersuchungen.

Sektion Bergbau

Unter dieser Überschrift sind 74 Artikel aus 16 Ländern zusammengefaßt worden.
50 stammen von chinesischen Autoren, 6 aus der UdSSR, 3 aus Ungarn und jeweils 2 aus Italien und Japan. Mit je einer Arbeit sind Australien, Äthiopien, Brasilien, Finnland, Frankreich, Indien, Nepal, Norwegen, Süd-Korea, Thailand und Großbritannien beteiligt.
Die Produktion und die derzeitige Vorratslage bei den Nichtmetallrohstoffen in der VR China ist durch zwei Plenarvorträge gekennzeichnet worden (Li Baoyin & Bai Wan Zhuang sowie Duan Chenjing & Luo Yiqing). Danach werden 600 große Gruben und Aufbereitungsanlagen mit rd. 200000 Beschäftigten betrieben. Der Wert der Produkte wird mit 10000 Millionen Juan angegeben. Ein umfassendes Produktionssortiment gibt es bei Asbest, Bentonit, Graphit und Glimmer. Exportiert werden 35 Produkte in 55 Varietäten. Den höchsten Stellenwert besitzen Fluorit, Graphit und Talk. Bei diesen drei Rohstoffen ist die VR China weltgrößter Exporteur.
Erkundete Lagerstätten gibt es ca. 5000 mit 80 verschiedenen Nichtmetallrohstoffen. Reserven von Weltbedeutung liegen vor bei Baryt, Bentonit, Chrysotil, Feuerfestton, Fluorit, Gips, Graphit, Kalkstein, Magnesit, Mirabilit, Perlit, Phosphat, Schwefel (vorzugsweise Pyrit), Steinsalz und Wollastonit.
Große Reserven gibt es auch an Bor, Diatomit, Glimmer, Kaolin und Zeolith. Ganz generell sind aber bei diesen Rohstoffen der Erkundungsgrad, die Qualität der Produkte und die Einsatzmöglichkeiten noch nicht so umfassend erforscht und geklärt wie bei der erstgenannten Gruppe.
Von weiter abnehmender Bedeutung, aber immer noch mit beachtlichen Reserven sind derzeit Attapulgit, Coelestin und Strontianit, Dekorationssteine (insbesondere Granit und Marmor), Industrieminerale der Cyanit-Gruppe, Sepiolith, Pyrophyllit und Vermiculit.
Relativ geringe Vorräte sind bisher bei Kalisalz und Trona nachgewiesen worden.
Als strategische Hauptzielstellung bis zum Ende dieses Jahrhunderts wird die notwendige Deckung des einheimischen Bedarfes an Nichtmetallrohstoffen und die Vervierfachung des Exportvolumens gegenüber 1985 angesehen.
Spezifische Entwicklungsrichtungen werden im Zusammenhang mit folgenden Rohstoffen genannt: Dekorationssteine, Kaolin, Talk, Graphit, Bentonit, Baryt, Gips, Wollastonit, Zeolith, Diatomit, Diamant und Glimmer. Meistens handelt es sich um Bestrebungen zur Erhöhung der Qualität in Technik, Technologie und beim Endprodukt. Bei Fortsetzung der Politik der Öffnung und umfassender internationaler Kooperation ist vorgesehen, etwa 20—25 große und mittlere Bergwerke und Verarbeitungsanlagen in den nächsten 15 Jahren in den Küstenregionen zu bauen.
Aus folgenden Ländern wurde über die Situation auf dem Nichtmetallsektor berichtet: Finnland, Indien, Japan, Nepal, Norwegen, Südkorea, UdSSR und USA.
Die daraus zu entnehmenden vielen Ressourcen- und Produktionsangaben sind eine wichtige Informationsquelle für die internationale Statistik.
Herausgestellt werden soll, daß das US-Bureau of Mines eingedenk der steigenden Bedeutung der Nichtmetallrohstoffe eine Reihe von Initiativen vorgeschlagen hat.
Sie betreffen u. a. die Beseitigung von Informationslücken bei Produktion, Verbrauch und Verfügbarkeit, Vorlage von Berichten über Baustoffmaterialien für ausgesuchte Großstadtareale und eine automatische Datenbasis für Industriemineral-Reserven.

Sektion Aufbereitung und Verwertung

In den Proceedings sind 88 Beiträge enthalten. 39 entfallen auf China und 10 auf die UdSSR. Jugoslawien ist mit 6, die DDR mit 5, die ČSR und Bulgarien mit 4 und die Türkei, Südkorea und Polen mit je 3 Aufsätzen beteiligt, je ein Beitrag aus Australien, Brasilien, Burundi, Ghana, dem Iran, Jordanien, Kanada, Nigeria, Schweden, Spanien und den USA.
Inhaltlich umfaßten die Beiträge auch hier fast das gesamte Spektrum der Industrieminerale. Ihre überwiegende Zahl hatte unmittelbar stofflichen Bezug, d. h. befaßte sich mit der Aufbereitung bzw. Verwertung von Rohstoffen bestimmter Lagerstätten. Dadurch wird die Verallgemeinerbarkeit der Ergebnisse verständlicherweise eingeschränkt. Von prinzipieller Bedeutung sind u. a.:

P. C. Acquan, Ghana, beschäftigt sich in seiner Arbeit mit der Erzeugung hochreinen feinsten Calcits, wie er z. B. zunehmend als Coating-Material in der Papierindustrie eingesetzt wird (durch selektive Flockung sowie Floto-Flocking).

W. Liuming & W. Forsling, Schweden, berichteten über die Chemisorption hydrophilierender Reagenzien (Alizarin Rot S) auf Flurapatit.

Von über die Graphit-Aufbereitung hinausgehender Bedeutung ist auch der Beitrag von M. Jufan & Z. Huiling, China, „*Effect of inorganic electrolyte on graphite flotation*".

Bekanntlich wird die Wasserstruktur durch Lösungsionen beeinflußt (strukturbildende oder strukturbrechende Wirkung). Nach Auffassung der Autoren beeinflussen strukturbildende Ionen (z. B. Na^+, Mg^{2+}) die Wechselwirkung zwischen wäßriger Lösung und Graphit-Oberfläche im Sinne einer Steigerung der Hydrophobie. Dadurch ist insbesondere eine Verbesserung der Flotation gröberer Graphit-Teilchen möglich.
Die fünf DDR-Beiträge beschäftigten sich mit folgenden Themen:

- *Die Nutzung von Dispergiermitteln bei der Kaolinaufbereitung* (R. Helfricht & J. Schatz)
- *Verarbeitung von Pollucit mit niedrigem Cäsium-Gehalt zu Cäsium-Verbindungen hoher Reinheit* (W. Jung, A. Hoffmann u. a.)
- *Weitere Entwicklung der Fluoritflotation bei Rohmaterialien mit höheren Calcitgehalten durch Oleoylsarcosine als Kollektor* (H, Schubert, H. Baldauf u. a.)
- *Mikrobiologische Enteisenung von Quarzsanden* (F. Völsgen, M. Störr & M. Köhler)
- *Moderne Mineralaufbereitungstechnologien und -techniken für die Produktion von hochgradigen Materialien für die Glas- und Keramikindustrie* (D. Uhlig, R. Helfricht u. a.).

Der 3. Weltkongreß über nichtmetallische Rohstoffe soll 1993 in Brasilien stattfinden.

Haapala, I.; Kähkönen, Y. (Eds.)

Symposium Precambrian Granitoids

Petrogenesis, geochemistry and metallogeny

August 14—17, 1989, University of Helsinki, Helsinki, Finland

Espoo: Geologian tutkimuskeskus 1989. 150 S., Abstracts *(Geological Survey of Finland, Special Paper 8)*

Der Band enthält 133 Beiträge von insgesamt 237 Autoren des im Rahmen der IGCP-Projekte 217 (Proterozoic Geochemistry) und 247 (Precambrian Ore Deposits Related to Tectonic Styles) durchgeführten Symposiums.
Die in Form der Abstracts vorgelegten Beiträge vermitteln einen umfassenden Überblick über den aktuellen Kenntnisstand zu Petrologie und Metallogenese der in archaisch-proterozoischen Krusteneinheiten relativ weit verbreiteten granitoiden Gesteine.
Ein Großteil der Beiträge befaßt sich mit petrogenetischen und metallogenetischen Problemen von Plutoniten des baltisch-skandinavischen Raumes, aber auch Beiträge zu Granitoiden anderer regionaler Einheiten sind repräsentativ vertreten.
Die überwiegende Mehrheit der Abstracts liefert Informationen zur Petrogenese (Eduktproblematik, Niveau der Magmengenerierung, Entwicklung der Schmelzen), stofflichen Charakterisierung (Mineralogie, Element- und Isotopengeochemie) und geotektonischen Position der Plutonite sowie zu den mit dem sauren Magmatismus in Zusammenhang stehenden Mineralisationen.
Es werden generell spät-, post- und anorogene Granitoide unterschieden und deren Bildungsmechanismen zumeist in Beziehung zu plattentektonischen Prozessen diskutiert.
Die Vielzahl der in unterschiedlichen Beiträgen publizierten modernen geochronologischen Daten belegt das zum Teil sehr hohe Alter des granitoiden Magmatismus in den verschiedenen präkambrischen Krustenabschnitten und trägt zur Rekonstruktion der Entwicklung der kontinentalen Lithosphäre in ihren frühen Etappen bei.
Zum Problemkreis Metallogenie dominieren Beiträge über Zinn-, Wolfram- und Goldmineralisationen unterschiedlicher Genese, Paragenese und Altersstellung in den unterschiedlichen regionalen Einheiten. Es werden die Beziehungen zwischen Erzbildungsprozessen und Magmatismus diskutiert und Schlußfolgerungen zur metallogenetischen Spezialisierung und Produktivität der Plutonite abgeleitet. Die Abstracts sind überwiegend sehr informativ, der Band ist insbesondere Petrologen und Metallogenetikern zu empfehlen.

W. Berger

Zachrisson, E. (Ed.)

Proceedings of the Seventh Quadrennial IAGOD Symposium

held in Luleå, Sweden, August 18—22, 1986
(International Association on the Genesis of Ore Deposits)

Stuttgart: Schweizerbart'sche Verlagsbuchhandlung 1988. 694 S., 380 Abb., 57 Tab., DM 238.—

Neben den Plenarvorträgen werden die Themen der Sektionen Tektonik von Erzlagerstätten, Paragenese, Erzlösungen in Einschlüssen, Fluorit- und Barytlagerstätten, Skarnlagerstätten, Mangan-, Zinn- und Wolframlagerstätten, massive Sulfidlagerstätten in vulkanischen Entwicklungen, Mineralisationen im Zusammenhang mit Granitoiden und allgemeine Probleme behandelt. Die Mehrzahl der Beiträge dokumentiert sehr gut den gegenwärtigen Stand der Erzlagerstättenforschung. Besonders hervorzuheben sind die z. T. generalisierenden und in neue Bereiche vordringenden Darstellungen über Erze in Vulkanen (Sillitoe), über das Genesemodell der hydrothermal-sedimentären SEDEX-Lagerstätten (Russel) einschließlich der Deutungen hinsichtlich der Erzschornsteine und der sogenannten chemischen Gärten, über die Fluorit-Vorkommen vom Typ Teplitz (Čadek & Malkovský) und über die Tiefenstruktur der kontinentalen Kruste und erzbildende Prozesse (Kazansky).
Die Ausstattung des Buches mit Abbildungen ist ausgezeichnet. Es bietet jedem an lagerstättengenetischen Problemen interessierten Geowissenschaftler einen guten Überblick über die Ergebnisse und die modernen Methoden der Lagerstättenforschung.

J. Rentzsch

Morgan, D. J. (Ed.)

Clay diagenesis in hydrocarbon reservoirs and shales

Meeting held at Cambridge, UK, 17—18 March 1988

Clay Minerals, London 24 (1989) 458 S., zahlr. Abb., Diagr., Lit., £ 74.— ($ 140.—)

Der von D. J. Morgan edierte Band ist ausschließlich der Thematik Tonmineraldiagenese und Kohlenwasserstoff-Exploration gewidmet. Die mit einer gedanklich-provozierenden Einführung von C. V. Jeans versehenen 16 Beiträge des vierten in dieser Reihe von der Universität Cambridge veranstalteten Meetings informieren über die neuesten Fortschritte auf diesem Wissenschaftsgebiet. Die Aufsätze behandeln die für die Tonmineraldiagenese in Kohlenwasserstoff-Reservoiren und Tonsteinen klassischen Gebiete: tertiäre Sedimente der Gulf Coast-Region und mesozoische Speichersandsteine des Nordsee-Areals. Diskutiert werden chemische, physikalische und zeitliche Aspekte der Um- und -neubildung von Tonmineralen in enger Wechselwirkung mit Porenfluiden, die zunehmend praktische Anwendung bei der Suche, Erkundung und Förderung von Kohlenwasserstoffen finden sollten.
Hochtechnisierte Untersuchungsverfahren (hochauflösende SEM- und TEM-Analytik in Kombination mit Röntgendiffraktometrie und Computersimulationen), die besser denn je strukturelle und stoffliche Analysen der Tongesteine und Tonminerale gestatten, demonstrieren die schnelle Verfügbarkeit wissenschaftlicher Grundkenntnisse für die angewandte Forschung. Reale Ergebnisse und Fortschritte werden erst erzielt, wenn die Vielfalt der heute praktizierbaren Analysenmethoden kombiniert und durch die Kenntnis aktuogeologischer Sedimentationsprozesse sowie deren breites Environment-Spektrum umfassend ergänzt werden. Die einzelnen Beiträge sind dem Spezialisten eine wertvolle Bereicherung und für künftige Bearbeitungen tonmineralogischer Probleme bei der Kohlenwasserstoff-Exploration ein unverzichtbarer Erfahrungsfond. Zahlreiche gelungende Abbildungen veranschaulichen die Ausführungen. Die zitierte neueste Literatur und die Fülle des gebotenen Faktenmaterials werden den auf diesem und angrenzenden Wissenschaftsgebieten arbeitenden Geowissenschaftlern mit Sicherheit neue Anregungen verleihen.

C. Sywottek

Bodén, A.; Eriksson, K. G. (Eds.)

Deep Drilling in Crystalline Bedrock

Volume 1: The Deep Gas Drilling in the Siljan Impact Structure. Sweden, and Astroblemes
Volume 2: Review of Deep Drilling Projects, Technology, Sciences and Prospects for the Future
Proceedings of the International Symposium held in Mora and Orsa, September 7—10, 1987

Berlin(West)—Heidelberg—New York—London—Paris—Tokyo: Springer-Verlag 1988. Vol. 1 — 364 S., 151 Abb.; Vol. 2 — 538 S., 283 Abb.

Tiefbohrprojekte zur Klärung regionalgeologischer, tektonischer und lagerstättenkundlicher Problemstellungen gewinnen zunehmend an Bedeutung. Das kommt nicht zuletzt darin zum Ausdruck, daß zu dieser speziellen Thematik in einem relativ kurzen Zeitraum schon das dritte internationale Symposium durchgeführt wurde — nach Tarrytown (USA) 1984 und Seeheim (BRD) 1985 nun im Jahre 1987 in Mora und Orsa (Schweden). In zwei Bänden werden die Ergebnisse des Symposiums zusammengefaßt. Dabei beschränkt sich der erste Band nahezu ausschließlich auf die mit dem schwedischen Siljan-Projekt verbundenen technischen und geowissenschaftlichen Fragen. Erste Zwischeneinschätzungen des seinerzeit noch laufenden Projektes zur Überprüfung der Hypothese über das potentielle Auftreten abiogener Erdgas-Akkumulationen im Bereich der als riesiger Meteoritenkrater gedeuteten Siljan-Ringstruktur im präkambrischen Kristallin des Baltischen Schildes werden im Detail mitgeteilt. Das Interesse, das gerade diesem Problemkreis entgegengebracht wird, ist aus der Tatsache verständlich, daß die Suche nach unkonventionellen Kohlenwasserstoff-Ressourcen, insbesondere in den an energetischen Rohstoffen armen Ländern, eine bedeutende Rolle spielt.

Der Band 2 enthält alle diejenigen Beiträge, die über Stand und Ergebnisse der außerhalb Schwedens auf dem Gebiet der Tiefenexploration getätigten Aktivitäten berichten. Hier sind an erster Stelle die neuesten Erkenntnisse aus der supertiefen Kola-Bohrung sowie die im Rahmen des bundesdeutschen kontinentalen Tiefbohrprogramms in der Oberpfalz bislang gewonnenen Erfahrungen zu nennen. Daneben verdienen aber auch andere Projekte, so vor allem das Ocean Drilling Program, die Tiefbohrvorhaben im Alpenraum oder die Erkundungsarbeiten zur Tiefengeologie Frankreichs unsere besondere Aufmerksamkeit. Die DDR mit ihren nicht wenigen 7-km- bis 8-km-Bohrungen würde sich in dieser Runde sicherlich nicht schlecht ausnehmen, und zwar sowohl im Hinblick auf die dabei erzielten Erfolge in der technischen Realisierung als auch in bezug auf den erreichten wissenschaftlichen Kenntnisfond. Die bis vor kurzem noch existenten überzogenen Vertraulichkeitsbestimmungen haben entsprechende Publikationen und damit eine Darstellung im internationalen Rahmen allerdings verhindert. Es ist an der Zeit, dies schleunigst nachzuholen.

D. Franke

Fytas, K.; Collins, J.-L.; Singhal, R. K. (Eds.)

Computer Applications in the Mineral Industry

Rotterdam: A. A. Balkema 1988. 765 S., Dfl. 165.— ($ 82.50)

Der gediegen ausgestattete Konferenzband enthält 88 Vorträge der ersten Canadischen Konferenz über die Computeranwendung in der Mineralindustrie (1st CAMI) von Autoren aus 12 Staaten. Er vermittelt einen aktuellen Überblick über erreichten Stand und Entwicklungstrends des Computereinsatzes — vornehmlich von Mikrorechnern hoher Leistungsfähigkeit mit breiter output-Peripherie — und die verfügbaren Modelle auf dem Gesamtgebiet der Mineralindustrie, z. B.

- Bergbauplanung,
- Bewertung und Abschätzung bergmännischer Projekte,
- Mineralaufbereitung,
- Entwurf bergmännischer Anlagen,
- über- und untertägiger Transport,
- Monitoring im Bergbau,
- Management-Informationssysteme,
- Bergbaubewetterung,
- Abbau.

Allen diesen Beiträgen lassen sich zahlreiche Anregungen auch für Geologen entnehmen. Von besonderem Interesse sind jedoch fünf Aufsätze zur Geostatistik, je zwei Beiträge zur Geotechnik, zu Expertsystemen für geologische Daten sowie zu explorationsorientierten Speicher- und Verarbeitungssystemen.

Die geostatistischen Artikel behandeln neben generellen Fragen der Methodologie das Problem der Verarbeitung von Mammutgehalten in Edelmetall-Lagerstätten, das Indikatorkriging, die Lagerstättenausblockung, eine Fallstudie für eine stratiforme Buntmetallagerstätte. Dem Geotektoniker wird die Finite-Elemente-Methode für die Streßanalyse (lineare elastische zweidimensionale Analyse) in UT-Auffahrungen sowie ein Modell für Böschungsrutschungen unter der Einwirkung von Überlagerungsdruck, Eigenmasse und externen Kräften angeboten. Als Expertsysteme mit geologischem Bezug sind „Microexpert" als echtes, auf Erfahrungen aufbauendes System sowie GENEX, welches auch unscharfe Begriffe verarbeitet, erörtert. In anderen Beiträgen werden Fakten-Daten-Speicher mit angeschlossenen mathematisch-geologischen Auswertungen und insbesondere modernen graphischen Darstellungsmöglichkeiten abgehandelt.

H. Thiergärtner

Buchbesprechungen

Föllmi, K. B.

Evolution of the Mid-Cretaceous Triad

Berlin — Heidelberg — New York — London — Paris — Tokyo — Hongkong: Springer-Verlag 1989. 153 S., 57 Abb., DM 34.— *(Lecture Notes in Earth Sciences 23)*

An der Wende von der Unterkreide zur Oberkreide vollzogen sich sowohl in den ozeanischen Bereichen als auch in den angrenzenden kontinentalen Räumen beträchtliche Umgestaltungen im tektonischen Streßfeld, die zu verstärkten Plattenbewegungen, aktivierter magmatischer Tätigkeit und veränderten paläogeographischen Bedingungen führten. Eine generelle Anhebung des Meeresspiegels, gewisse Klimaschwankungen und die große Bereiche der organischen Welt zu dieser Zeit erfassenden grundlegenden Differenzierungen stehen mit diesen Prozessen offensichtlich in unmittelbarem kausalen Zusammenhang. Und noch etwas ist auffällig: die „mittelkretazische" Entwicklung führte zu einer bemerkenswerten Gleichförmigkeit bestimmter Sedimenttypen — Flachwasserkarbonate, glaukonit- und phosphatreiche Ablagerungen sowie pelagische Kalke bestimmen in dieser stratigraphischen Folge in räumlich weiten Ausmaßen das Bild. Diese lithofazielle Besonderheit tritt auch am N-Rand der südwesteuropäischen Tethys auf. Der österreichische Anteil der helvetischen Alpen (Vorarlberg) ist dafür ein charakteristisches Beispiel. Die umfassende Analyse der Schelfentwicklung vom späten Barrême bis zum frühen Campan, wie sie vom Vf. durchgeführt wurde, vermittelt einen ausgezeichneten Einblick in die lithologische Ausbildung der verschiedenen stratigraphischen Einheiten und den daraus abgeleiteten palägraphischen Werdegang.

Den Hauptteil der Arbeit nimmt die Darstellung der Ergebnisse der sedimentologischen Untersuchungen ein. Anhand von zahlreichen Profilzeichnungen, milieuanalytischen Schemaskizzen sowie Gesteinsphotos wird ein instruktives Bild vermittelt. Als Synthese zu diesen Detailarbeiten werden verallgemeinernde Schlußfolgerungen gezogen, so zur Meeresboden-Topographie, zur Ammonoideen-Paläobiogeographie, zum Strömungssystem entlang des N-Randes der kretazischen Tethys, zur Phosphat- und Glaukonitgenese in den Sedimenten, zu den relativen Meeresspiegelschwankungen, zum Zusammenhang zwischen den tektonischen Events und der Ausbildung von Schichtlücken sowie zu anderen Fragen. Mit alledem wird ein weiterer wichtiger Beitrag zum besseren Verständnis der tethyalen Entwicklungsgeschichte während der höheren Unterkreide und Oberkreide im Verbreitungsgebiet des Helvetikums geleistet. Zugleich bildet die Arbeit aber schlechthin auch ein Modellbeispiel für die Analyse von Karbonatschelfgebieten und deren Übergang in pelagische Sedimentationsräume. Insofern wird sie nicht nur speziell bei Alpengeologen, sondern darüber hinaus bei allen Sedimentologen Interesse finden.

D. Franke

...

Sovremennye dviženija zemnoj kory — morfostruktury, razlomy, sejsmičnost' (Rezente Bewegungen der Erdkruste — Morphostrukturen, Brüche, Seismizität)

Moskva: Izd. Nauka 1987. 191 S., 55 Abb., 14 Tab., Rbl. 3.60

Die Untersuchungen rezenter Bewegungen der Erdkruste erhalten einen immer praxisrelevanteren Charakter und sind auf die Lösung ganz konkreter Aufgaben gerichtet: die Beobachtung von Deformationserscheinungen in den Fundamenten großer Industriebetriebe, die Erforschung von Deformationen, die im Zusammenhang mit Bergbau, der Suche und Erkundung nutzbarer Bodenschätze stehen, sowie das Aushalten von Tiefenbrüchen, die von mächtigen Sedimentkomplexen überlagert werden. Die sowjetische Schule moderner Geodynamik unterscheidet sich von anderen durch die umfassende und komplexe Anwendung geophysikalischer, geologischer, geodätischer, geomorphologischer und ozeanographischer Untersuchungsmethoden.

Der Sammelband enthält den Hauptteil der Vorträge des VIII. Allunionskongresses zur Erforschung rezenter Bewegungen der Erdkruste, der 1982 in Kišinjov stattfand. Außerdem widerspiegelt er Ergebnisse, die im Rahmen internationaler Untersuchungsprojekte zu rezenten Bewegungen der Erdkruste Mittel- und Osteuropas sowie Kubas durchgeführt wurden. Die Artikel, die in diesem Buch publiziert sind, werden in fünf Kapitel eingeteilt: 1. Allgemeine Probleme, 2. Kartierung rezenter Bewegungen, 3. Morphostrukturelle Differenzierung, Brüche, Seismizität, 4. Untersuchung der

rezenten Geodynamik, 5. Methodik und Bearbeitung der Messungen. Die Artikel beinhalten sowohl theoretische als auch globale und regionale Probleme der modernen Geodynamik. Sie befassen sich speziell mit den Abhängigkeiten rezenter Bewegungen der Erdkruste von den Eigenschaften des Mantels und den Bewegungen des Fundamentes, einschließlich deren Wechselbeziehungen mit der Bruchtektonik und den seismischen Aktivitäten.
Positiv hervorzuheben sind die anschaulichen zeichnerischen Darstellungen (geologische Karten, Profile, Graphiken u. a.), die umfangreichen Literaturquellen sowie die englischen Zusammenfassungen am Ende jedes Artikels, was wesentlich zur qualitativ guten und anspruchsvollen Gestaltung des Sammelbandes beiträgt.

S. HILBERT

VICUÑA, O. F.

Antarctic mineral exploitation

The emerging legal framework

Cambridge: Cambridge University Press 1988. 615 S., 55 S. Lit., £ 60.—
(Studies in Polar Research)

In den „Studies in Polar Research" wird mit der Auseinandersetzung um die Nutzung mineralischer Ressourcen in Antarktika ein äußerst brisantes Thema aufgegriffen.
Der Chilene F. O. VICUÑA baut auf einer in London verteidigten PhD-Dissertation auf und diskutiert hierin vor allem rechtliche Probleme des angeschnittenen Fragenkomplexes; lagerstättenkundliche Aspekte bleiben vollkommen unberücksichtigt. Als Ausgangsmaterial dienten neben umfangreichem Schrifttum die Verhandlungen zur Konvention über die Regelung von Aktivitäten bezüglich mineralischer Ressourcen der Antarktis (abgekürzt CRAMRA), die bis September 1986 verfolgt wurden. Zu diesem Zeitpunkt lag noch kein abgestimmter Entwurf der CRAMRA vor (erst Juni 1988).
Trotzdem gibt die Zusammenstellung schon einen Überblick über die anstehenden Probleme bei der Ausarbeitung der CRAMRA. Der Autor konzentriert sich im Teil I auf die rechtliche Stellung der CRAMRA innerhalb des Antarktisvertragssystems, insbesondere auf die Souveränität, die Rechtsprechung und die Kooperation auf dem antarktischen Kontinent. Der II. Teil ist den Problemen gewidmet, die bei den Verhandlungen der Konsultativstaaten des Antarktisvertrages im Hinblick auf ein mögliches Inkrafttreten der CRAMRA, darunter insbesondere Umweltfragen, erkannt worden sind. Im Teil III werden Themen angeschnitten, die sich aus möglichen Mineralaktivitäten von Ländern ergeben, die nicht Unterzeichner des Antarktisvertrages sind. Im Anhang der Monographie finden sich: Text des Antarktisvertrages, Liste über Beitritt zu Komponenten des Antarktisvertragssystems, Liste über Gesetzgebung von Anspruchstaaten über Antarktika und ein Sachwortindex.
O. F. VICUÑA kann bescheinigt werden, daß er zur angeschnittenen Thematik eine umfangreiche und tiefschürfende Analyse vorlegt. Wenn er auch versucht hat, viele Standpunkte zu berücksichtigen, so bevorzugt er doch solche von Staaten, die in Antarktika Territorialansprüch angemeldet hatten. Damit ist ein Hang zum Tendenziösen ziemlich deutlich. Ein weiterer Nachteil des Werkes besteht darin, daß der Autor den Abschluß der Verhandlung zur CRAMRA nicht abgewartet hat. Es kann damit nur den Kenntnisstand bis 1986 widerspiegeln. Seitdem hat die Konvention viele Modifizierungen erfahren, und sie hat auch wegen der Umweltfragen mit möglichen globalen Auswirkungen massive Gegner gefunden.
In der vorliegenden Form enthält die Monographie aber viel Wissenswertes und wird als weitere Polarstudie des Cambridge University Press ihre Nutzer finden. Sowohl im Umfang als auch wegen fehlender Illustrationen fällt das rezensierte Werk etwas aus dem Rahmen.

H.-J. PAECH

...

INTURGEO: The International Uranium Geology Information System

A World Atlas of Uranium Occurrences and Deposits

Vienna: International Atomic Energy Agency 1988. 493 S., ÖS 100.—
(IAEA-TECDOC — 471)

Auf der Basis von Literaturauswertungen sowie Angaben von Mitgliedsstaaten der IAEA wurde INTURGEO als rechnergestütztes Informationssystem zur Unterstützung der weltweiten Analyse der Metallogenie von Uranlagerstätten sowie zur Ableitung von Perspektivgebieten geschaffen. Von insgesamt 6089 Vorkommen und Lagerstätten in 96 Ländern sind im vorliegenden Band 4596 in 92 Ländern erfaßt. Naturgemäß sind die Angaben in jeder Weise sehr ungleichwertig (z. B. nach der Zahl: USA — 2065, Kanada — 380, UdSSR — 22, DDR — 5). Das System enthält tabellarische Zusammenstellungen, die in rechnergestützten Karten ausgegeben werden, für jeweils alle Länder außer USA und Kanada, gesondert. In den Tabellen sind u. a. Angaben zu den regionalen tektonischen Bedingungen, dem genetisch-morphologischen Typ, der geologisch-ökonomischen Bewertung, der Vorratsmenge (in 5 Kategorien), Art und Alter der Nebengesteine sowie bibliographische Angaben aufgeführt.
Trotz aller, dem behandelten Mineralisationstyp zu schuldenden Einschränkungen in Vollständigkeit und Korrektheit der Angaben kann diese Zusammenstellung in vollem Umfang den formulierten Aufgabenstellungen dienen. Ihre Schwerpunkte liegen auf ökonomischem Gebiet sowie der regionalen Verteilung der Indikationen. Bei Präzisierung der Angaben kann sie zu einer wichtigen Grundlage für die Metallogenie des Urans werden.

G. RÖLLIG

COLLINSON, J. D.; THOMPSON, D. B.

Sedimentary Structures

London—Boston—Sydney—Wellington: Unwin Hyman 1989. 2. Aufl., 207 S., 105 Abb., 4 Tab.

Die zweite, überarbeitete Auflage des Lehrbuches (1. Aufl. 1982) vermittelt in übersichtlicher Weise für das Selbststudium die Grundlagen- und Detailkenntnisse zu den vielfältigen Erscheinungsbildern sedimentärer Gesteinsgefüge und zu ihrer genetischen Interpretation. Am Ende der Kapitel wird auf Möglichkeiten der Beobachtung der behandelten Sedimentstrukturen im Gelände und auf laborative Experimente hingewiesen. Ferner sind jedem der zehn Kapitel die zugehörenden, nach Teilaspekten gegliederten Literaturangaben nachgestellt. Auch Angaben zu audiovisuellen Hilfsmitteln, vor allem zu Lehrfilmen, die in geowissenschaftlichen Institutionen Großbritanniens vorliegen, sind im Literaturverzeichnis enthalten. Ausgewertet wurden vorzugsweise englischsprachige Veröffentlichungen der letzten beiden Jahrzehnte.
Die in den Text eingefügten Strichzeichnungen, besonders die zahlreichen aussagekräftigen Schwarz-Weiß-Photographien stellen die Verbindung zwischen generalisierenden Zeichnungen und den natürlichen Erscheinungsbildern sedimentärer Gefüge her. Die meisten Photographien stammen aus den Heimatländern der beiden Autoren, aus Großbritannien (D. B. THOMPSON, Univ. Keele) und aus Norwegen (J. D. COLLINSON, Univ. Bergen) bzw. wurden in Grönland aufgenommen.
Die ersten vier Kapitel bringen eine Einführung in das Studium sedimentärer Strukturen (Kap. 1: 5 S.), Ausführungen zur Bildung und Bedeutung der Schichtung (Kap. 2; 13 S.), Grundlagen des Fließverhaltens nicht verfestigter Sedimente (Kap. 3: 18 S.) sowie die Beschreibung der an Erosionsflächen gebundenen Strukturen, wie es zum Beispiel Solmarken sind (Kap. 4: 17 S.). Die folgenden vier Kapitel sind lithofaziell orientiert. So werden die Sedimentgefüge in feinklastischen Gesteinen (Kap. 5: 6 S.), in Sanden und Sandsteinen (Kap. 6: 51 S.), in grobklastischen Bildungen vom Typ der Kiese, Konglomerate und Brekzien, einschließlich glazigener Bildungen (Kap. 7: 20 S.) und in Ablagerungen chemischer und biologischer Entstehung (Kap. 8: 14 S.) behandelt. Die beiden abschließenden Kapitel beschreiben Störungen der Sedimentgefüge durch physikalische, chemische und biogene Vorgänge (Kap. 9: 41 S.) und bringen eine Übersicht zur profilmäßigen Aufeinanderfolge von sedimentären Gefügetypen und zu ihrer Aufnahmemethodik (Kap. 10: 14 S.). In einem Anhang wird die Rückführung tektonisch verstellter sedimentärer Flächen in ihre ursprüngliche Raumlage beschrieben (Anlage A), und es werden Möglichkeiten der Entnahme ungestörter Proben nicht konsolidierter Sedimente vorgestellt (Anlage B). In dem Sachwortverzeichnis des empfehlenswerten Buches sind auch die Bezugswörter in den Abbildungen und in den Tabellen enthalten.

G. MÖBUS

LAZUR, O. G.; NESTOJANOVA, O. A.; NOVICKIJ, I. P.; ČAJKA, V. M.

Vulkanizm zelenokamennych pojasov (Der Vulkanismus von Grünsteingürteln

Moskva: Izd. Nauka 1988. 168 S., 34 Abb., 26 Tab., 196 Lit., Rbl. 2.60

In der Monographie werden die neuesten Forschungsergebnisse eines Wissenschaftlerkollektivs des Institutes der Lithosphäre an der AdW der UdSSR zum Problem des Vulkanismus von präkambrischen Grünsteingürteln dargestellt.

Ausgehend von strukturell-formationellen, geochemischen und metallogenetischen Erkenntnissen über die Grünsteingürtel des Baltischen Schildes wird durch vergleichende Betrachtungen mit den klassischen Grünsteingürteln Kanadas, Westaustraliens und Südafrikas der Versuch unternommen, allgemeine Gesetzmäßigkeiten über Verteilung, Ausbildung, stoffliche Evolution und metallogenetische Relevanz präkambrischer Vulkanitgesteine abzuleiten.
Das umfangreiche Datenmaterial wird in sechs inhaltlich logisch miteinander verknüpften Kapiteln erläutert. Kap. 1 enthält spezielle strukturell-formationelle Informationen zu den frühkambrischen vulkanischen Gesteinsassoziationen Kareliens und Ost-Finnlands. Durch komplexe Auswertung geologischer, petro- und geochemischer Merkmale weisen die Autoren im Kap. 2 nach, daß hochmetamorphe präkambrische Komplexe (Granulit-Gneis-Areale) aus ehemaligen sedimentär-vulkanogenen Gesteinsassoziationen — analog den Grünsteingürteln — hervorgegangen sind (z. B. Anabar-Schild, Isua-Gürtel auf Grönland).
Für den mitteleuropäischen Geologen dürften die Kap. 3 und 4 von besonderem Interesse sein. Hier werden Art und Intensität metamorpher Überprägungen im Bereich von Grünsteingürteln näher beleuchtet. Natürlich stellt sich auch diesen Autoren das Problem möglicher, aber nur schwer zu kalkulierender Veränderungen des Gesteinschemismus bei der Metamorphose. Für die Bestimmung der Ausgangsgesteine präkambrischer Metamorphite und der geotektonischen Einordnung ihrer vulkanogenen Anteile wird von sich weitgehend isochem verhaltenden Spurenelementen und von Clarke-normierten Elementgruppengehalts-Verteilungsmustern ausgegangen.
Die Kap. 5 und 6 sind allgemeinen metallogenetischen Aspekten und petro- bzw. geochemischen Evolutionsrichtungen des präkambrischen Vulkanismus gewidmet. Es wird eine enge Verbindung zwischen fortschreitender Erdkrustenentwicklung (mit entsprechenden spezifischen geodynamischen Bedingungen), chemischer Zusammensetzung der Gesteine und sich verändernder metallogenetischer Spezialisierung hergestellt. Hinsichtlich wirtschaftlich interessanter Rohstoffvorkommen in Grünsteingürteln beschränkt sich das Spektrum meist auf Ni—Cu-Sulfide (Komatiite), Fe—Mn-Erze (Jaspilite) und polymetallische Zn—Cu-Erze (saure bis intermediäre Vulkanite).
Insgesamt stellt das Buch eine Bereicherung des nach wie vor geringen Angebotes zusammenfassender Publikationen zum präkambrischen Vulkanismus alter Schilde dar. Allerdings erschwert die geringe Anzahl graphischer Darstellungen den Zugang zum Faktenmaterial.

G. Grosche

Baturin, G. N.; Dubinčuk, V. T.

Mikrostruktury železo-margancevych konkrecij okeana. Atlas mikrofotografij (Die Mikrostruktur mariner Eisen-Mangan-Konkretionen. Ein mikrophotographischer Atlas)

Moskva: Izd. Nauka 1989. 288 S., 250 Abb., 20 Tab., 297 Lit., Rbl. 5.—

In einem kurzgehaltenen Text (94 S.) werden geologisch-geochemische Aspekte (Verteilung, chemische und mineralogische Zusammensetzung, Genese), die Methodik der elektronenmikroskopischen Untersuchungen (u. a. Probenvorbereitung und -untersuchung, Interpretation der Durchstrahlungs- und Rasterelmi-Aufnahmen, der Mikrodiffraktometrie, Mikrosondierung und -radiographie) sowie der ultramikroskopische Bau (Oberflächen- und innere Struktur) und die Mineralogie der Manganknollen und -krusten) behandelt.
Der Bildatlas (176 Phototafeln) gibt elektronenmikroskopische Aufnahmen, Mikrodiffraktogramme und Energiedispersions-Spektren von 12 Manganknollen des Pazifiks, 3 des Atlantiks und 1 des Indiks sowie 2 Krusten des Atlantiks, 4 des Pazifiks und 2 des Japanischen Meeres wieder. Das Material stammt ausschließlich von Reisen sowjetischer Forschungsschiffe zwischen 1962 und 1987. Neben den Strukturen zeigen Aufnahmen 20 Mangan- und Eisenminerale, akzessorische Erzminerale (Sulfide, gediegene Metalle wie Al, Pt, Co, Au) und terrigene, vulkanogene und biogene Nichterzeinschlüsse in bis zu 10000facher Vergrößerung.
Mit seinem auch für Nicht-Spezialisten instruktiven Text, der auf einer Auswertung sowjetischer (etwa die Hälfte der Zitate) und der modernen internationalen Fachliteratur aufbaut, und den aussagekräftigen Aufnahmen bietet der Band eine gelungene Übersicht über den Mikroaufbau der marinen Eisen-Mangan-Akkumulationen. Er wird bei Mineralogen, Geochemikern, Mikrosonden-Spezialisten und mit der technischen Verarbeitung von Manganknollen und -krusten Beschäftigten gleichermaßen Anklang finden. Als Anregung für eine neue Auflage oder Übersetzung seien folgende Wünsche geäußert: Ergänzung fehlender Probenahmepunkte, Angabe der Orientierung der abgebildeten Anschnitte (senkrecht oder parallel zu den Erzlagen) und Angaben/Abbildungen zu Hohlraumvolumen und -größen der Fe—Mn-Bildungen.

P. G. Dietrich

Brassington, R.

Field Hydrogeology

London—New York—Toronto: Open Univ. Press, Milton Keynes and Halsted Press 1988. 175 S., Abb., Tab., £ 15.95

In dem Handbuch wird ein relativ umfassender Überblick über die Arbeitsgeräte, deren Anwendung und die Systematik der Bearbeitung hydrogeologischer Aufgaben gegeben.
Dabei handelt es sich ausschließlich um allgemein bekannte und bewährte Geräte und Arbeitsmethoden für hydrogeologische Feldarbeiten. Durch zahlreiche Photographien und Zeichnungen wurde eine gute Anschaulichkeit erreicht.
Zusammenstellungen von gesteintypischen hydrogeologischen Parametern, Umrechnungstabellen von SI-Einheiten, Hinweise auf Informationstabellen verschiedener Länder und auf einschlägige Fachliteratur sind für den Praktiker in der Hydrogeologie besonders wertvoll.
Die Ausdrucksweise und Darstellungsform sind leicht verständlich und logisch gegliedert und daher besonders für Anfänger beim Einstieg in die hydrogeologische Praxis zu empfehlen.
Auf die Darstellung aufwendiger Geräte und Verfahren wie tragbare geophysikalische Bohrlochmeßapparaturen, automatische Meßstationen zur Pumpversuchs- und Bohrprozeßkontrolle, hydrochemische Feldlabors zur Expreßanalytik, Mikrorechnersoftware zur Felddatenbearbeitung u. ä. wurde verzichtet. Ebenso fehlen praktische Hinweise auf die Bewertung von Gesteinsproben in Abhängigkeit von Bohrverfahren.

J. Henke

Schilcher, M.; Fritsch, D. (Hrsg.)

Geo-Informationssysteme

Anwendungen — neue Entwicklungen
Internationales Anwendungsforum Duisburg 1989

Karlsruhe: H. Wichmann-Verlag 1989. 364 S., 162 Abb., DM 78.—

Die Entwicklung von Geo-Informationssystemen (GIS) kann in zwei Hauptproblemkreisen gesehen werden, nämlich Fragen der hard- und software-Basistechnologien einerseits und Fragen der inhaltlichen Auskleidung der Datenbasen andererseits. Die Herausgeber heben in ihrem Vorwort besonders die integrale Funktion der Geo-Informationssysteme für geowissenschaftliche Disziplinen wie auch territoriale Leitungs- und Planungsorgane hervor.
Mit dem „Internationalen Anwenderforum 1989" wird insbesondere dem Aspekt der Verflechtungsbeziehungen unterschiedlicher Fachgebiete in GIS Rechnung getragen. Die 31 Vorträge sind in acht Teile untergliedert:

- Einführung
- landesweite Anwendung im Vermessungswesen
- Energieversorgung
- kommunale Anwendungen
- Anwendungen Umweltschutz
- Dienstleistungsunternehmen
- neue Entwicklungen
- Symposium Hybrid Graphics and Artificial Intelligence in GIS.

Aus der Fülle interessanten Materials, das teilweise unter problemorientierten Titeln wie „Umweltschutz und Informatik" (Haugeneder u. a.), „Digitaler Stadtplan" (Lorber) oder „Scannen — und dann?" (Alfeis) die Aufmerksamkeit des Lesers herausfordert, sei hier nur der Beitrag von M. Bock „Umweltatlas Berlin — Aufbau eines ökologischen Planungsinstruments" genannt. Bock stellt hier ein Kartenwerk von Berlin(West) vor, das die Medien Boden, Wasser, Luft, das Klima, Biotope, Flächennutzung und Verkehr/Lärm in eine komplexe Betrachtungsweise einbezieht. Er hebt hervor, daß im Ergebnis der Arbeiten größtenteils flächendeckende Karten zu den Themen Flächennutzung, Hydrogeologie, Flurabstand, Versiegelung, Wasserschutzzonen, Grundwassergüte, wassergefährdende Stoffe, Niederschlagsmengen, Bodengesellschaften, Einwohnerdichte, Bebauungsstruktur, Altlastenverdachtsflächen, Schwermetalle im Boden/Grundwasser/Pflanzen, Radioaktivität in Boden/Grundwasser/Pflanzen u. a. erstellt werden konnten.
Die Herausgabe der Beiträge des Anwenderforums von Duisburg gibt dem Nichtteilnehmer Gelegenheit, mit einer guten Übersicht sein spezielles Interesse weiter zu vertiefen.

F. Zelt

HERRMANN, K.

Signaturanalysen und Klassifizierungsergebnisse an Kiefern unterschiedlicher Vitalität unter Verwendung multispektraler Flugzeug-Scannerdaten

Deutsche Forschungs- und Versuchsanstalt für Luft- und Raumfahrt, Köln 1989. 186 S., DM 78.— *(DFVLR-FB 89-07)*

WEVER, T.

Versuch eines Rückschlusses aus der Vegetation auf den geologischen Untergrund im Raum Amberg mit Hilfe der digitalen Bildverarbeitung nach TM-Daten

Deutsche Forschungs- und Versuchsanstalt für Luft- und Raumfahrt, Köln 1989. 91 S., DM 36.50 *(DFVLR-FB 89-24)*

K. HERRMANN verfolgt mit ihren Untersuchungen das Ziel, durch den Einsatz von Verfahren der Fernerkundung die zeit- und kostenaufwendigen Waldschadensinventuren zu rationalisieren. Auf der Grundlage umfangreicher Signaturanalysen nach terrestrischen Spektroradiometermessungen und Multispektral-Scanner-Aufzeichnungen werden digitale Klassifizierungsverfahren zur Erfassung von Schäden an Kiefern getestet. Bei den im Untersuchungsgebiet vorhandenen Waldschäden handelt es sich in erster Linie um die Auswirkungen von Unterversorgungen mit Nährstoffen wie Stickstoff, Phosphor und Kalium.
In der für Dissertationen üblichen Form erfolgt eine geschlossene Darstellung des Gesamtarbeitsumfanges mit Problemanalyse, technisch-physikalischen Grundlagen, Methodik und Ergebnissen.
Einzelne Arbeitsschritte und inhaltliche Aussagen werden durch umfangreiche experimentelle Untersuchungen in Trainingsgebieten gestützt. Im Ergebnis der Arbeiten wird der Nachweis erbracht, daß Baumschäden zu deutlichen Signaturunterschieden führen, die einen zielgerichteten Ansatz von digitalen Klassifizierungsverfahren erlauben. Als problematisch gilt gegenwärtig noch die Übertragbarkeit des Verfahrens auf die Bewertung größerer Waldgebiete.
Obwohl in dieser Arbeit ausschließlich auf forstwissenschaftliche Aufgaben orientiert wird, sind die Untersuchungsergebnisse auch aus geologischer Sicht von Interesse. Da Waldschäden ebenso durch Verschmutzungen des Bodens oder Grundwassers hervorgerufen werden können, sind diese bzw. daran gebundene Änderungen der Spektralsignaturen prinzipiell auch zur indirekten Erfassung kontaminierter Geländeabschnitte nutzbar.
Die Versuche T. WEVERS, Bodenarten über Veränderungen in der Abbildung von Vegetation auf kosmischen Aufnahmen (Thematic Mapper) zu kartieren, zeigen Grenzen, die unter den kulturlandschaftlichen Bedingungen Mitteleuropas bereits mit der Aufgabenstellung vorprogrammiert waren. Auch neuere Fernerkundungssysteme werden bei dem hohen Grad der anthropogenen Beeinflussung der Landschaft kaum zu einem nennenswerten Durchbruch führen. Wesentlich erfolgversprechender erscheinen derartige Untersuchungen für die Erfassung von Waldschäden, die auf Schadstoffimmissionen oder Kontaminationen des Bodens und Grundwassers zurückzuführen sind.
Eine Weiterführung der Arbeiten in diese Richtung ergibt nach Auffassung des Rezensenten eher praktische Ergebnisse als die Kartierung des außerordentlich komplizierten Objektes Boden.

F. KÜHN

Erstes gemeinsames Treffen von Geologen der Berliner Region

Auf Initiative der Technischen Universität Berlin (TUB) und der AdW, Zentralinstitut für Physik der Erde (ZIPE) fand am 1. 5. 1990 unter Leitung von Herrn Prof. J. H. Schroeder (TUB) und Herrn Dr. G. Beutler (ZIPE) das erste gemeinsame Treffen von Geologen der Berliner Region statt.
Der Einladung waren mehr als 100 Geowissenschaftler aus unterschiedlichen Institutionen und Betrieben des Territoriums gefolgt. Das Programm enthielt die Exkursion zu den Gipssteinbrüchen Sperenberg sowie ein gemeinsames abendliches Kolloquium in Wittbrietzen zu Fragen der Zukunft der Geologie dieser Region (Quo vadis, Geologia Berolinensis?).
Die Exkursion zu den Gipsbrüchen Sperenberg war als würdiger, geologisch attraktiver Einstieg und zugleich Rahmen des Neubeginns der geowissenschaftlichen Zusammenarbeit aus „Ost und West" anzusehen, der dazu beitrug, den geologischen Gedankenaustausch wieder neu zu beleben.

Die Struktur Sperenberg kann als Typuslokalität einer halokinetischen Aufwölbung in der Norddeutschen Tieflandsebene betrachtet werden. Sie befindet sich im Bereich der Südgrenze der Weichselvereisung (Brandenburger Stadium) und zwar bereits seit mehreren Jahrhunderten Gegenstand geowissenschaftlicher Forschung und Erkundung sowie rohstofflicher Nutzung.
Die noch bis in die 50er Jahre des 20. Jahrhunderts umgehende bergbauliche Gewinnung der Gipsvorkommen hinterließ mehrere nunmehr wassergefüllte Seen, die wie das gesamte Gebiet unter Naturschutz gestellt wurden.
Der abgebaute Gips gelangte vorrangig auf dem Wasserweg nach Berlin und Potsdam, mitunter sogar bis in größere Städte Norddeutschlands (Hamburg).

Während der Exkursion wurden Fachvorträge zu folgenden Themen gehalten und darüber diskutiert.

1. Naturschutz Raum Sperenberg	—	Herr Göllnitz Rat des Bezirkes Potsdam, Abt. Geologie
2. Lagerstättengeologie Sperenberg	—	Herr Dr. Ludwig AdW, Zentralinstitut Physik der Erde
3. Tektonik und Untergrund der Struktur Sperenberg	—	Herr Dr. G. Beutler AdW, Zentralinstitut Physik der Erde
4. Bergbaugeschichte Sperenberg	—	Herr Dr. F. Wendland Historische Kommission Berlin

Für interessierte Pleistozän-Geologen übernahm Herr Dr. A. Hultzsch, VEB Geologische Forschung und Erkundung Halle, Betriebsteil Berlin, dankenswerterweise eine zusätzlich ins Programm aufgenommene Fachexkursion in die benachbarte Tonlagerstätte Glienick. Die dort aufgeschlossenen glazilimnischen Beckensedimente gestatteten, die sehr eindrucksvollen Sedimentationsbedingungen nachzuvollziehen. Dieser Pleistozän-Aufschluß gibt darüber hinaus Einblick in die Wirkung des weichselglazialen Inlandeisgletschers auf die abgelagerten pleistozänen Lockergesteine mit Erscheinungsformen wie Eiskeilen, Schichtenüberkippungen, -versetzen, Harnischbildungen u. a. m.
Parallel dazu führten Herr Dr. Ahrens, Herr Dr. Lotsch und Herr Dr. Voigt vom Zentralen Geologischen Institut Berlin Interessenten noch zu einem Abstecher nach Kummersdorf-Gut, wo Auswirkungen kommunaler Abwässer auf das Grundwasser durch unsachgemäße Einleitung dargelegt und Erscheinungsbilder der Kontamination im Untergrund erläutert wurden.
Gleichzeitig wurden die Ergebnisse der Grundwasser-Erkundung und die Nutzung tertiärer Grundwässer im unmittelbaren Salzstockbereich diskutiert. Entsprechendes Kartenmaterial zur Ergänzung der Erläuterungen konnte vorgestellt werden.

Das abendliche Beisammensein und die von Herrn Prof. J. H. Schroeder geleitete Podiumsdiskussion zur zukünftigen Geologie im Raum Berlin/Brandenburg gestalteten sich zu einem regen Gedankenaustausch. Schwerpunkte dabei bildeten Fragen der akademischen, der territorial exekutiven sowie der forschungsspezifischen Geologie, die sich aus den veränderten politischen und wirtschaftlichen Strukturen eines zukünftig gemeinsamen Landes ergeben.
Das Treffen der Geologen der Berliner Region nach jahrzehntelanger Kontaktlosigkeit kann als Meilenstein der Geowissenschaft des Territoriums Berlin/Brandenburg angesehen werden. Knüpfte es doch an alte gemeinsame Traditionen des fachlichen Gedankenaustausches, des wissenschaftlichen Meinungsstreites und letztendlich an konstruktive Lösungen aller mit der Geologie in Zusammenhang stehenden Probleme an.
Gerade deshalb erscheint es aus gegenwärtiger Sicht mehr als erforderlich, endlich die auch unserer Wissenschaft vor allem durch politische Motivationen und ein folglich überhöhtes Sicherheitsdenken aufgezwungenen Schranken zu überwinden und durch gemeinsames Herangehen aller gute und brauchbare Lösungen für möglichst viele vor uns und dem zukünftigen Land Brandenburg stehenden Aufgaben zu finden.
In diesem Sinne sei hiermit allen an der ausgezeichneten Organisation und dem reibungslosen Ablauf der Exkursion Beteiligten recht herzlich gedankt.

I. SCHULZ

Zum 65. Geburtstag von Prof. Dr. sc. techn. Fritz Reuter

Am 15. Mai 1990 vollendete Fritz Reuter, ordentlicher Professor für Ingenieurgeologie an der Sektion Geotechnik und Bergbau der Bergakademie Freiberg sein 65. Lebensjahr. Fachkollegen, Freunde und Schüler möchten dem Jubilar, der mit Beendigung des Sommersemesters in den wohlverdienten Ruhestand trat, Dank für seine engagierte Tätigkeit als Hochschullehrer und Forscher sagen.

Er wurde im Jahre 1925 in Tarthun, Kreis Staßfurt, als einziges Kind einer Bauernfamilie geboren. Nach Besuch der Oberrealschule in Egeln wurde er 1943 in die Wehrmacht eingezogen, kam 1945 in belgische Kriegsgefangenschaft und mußte dort bis Ende 1947 im Steinkohlenbergbau arbeiten. Nach seiner Rückkehr sammelte er praktische Erfahrungen als Bergbaubeflissener im Unseburger Braunkohlenbergbau, im Kalischacht Neu-Staßfurt und im Schmiedefelder Eisenerzbergbau, um dann an der Martin-Luther-Universität Halle/Wittenberg von 1948 bis 1953 bei Hans Gallwitz Geologie zu studieren. Nach dem Diplomgeologen-Examen arbeitete er im Geologischen Dienst Halle kurze Zeit in der Lagerstättenprospektion. Ab 1954 wurde ihm die ingenieurgeologische Bearbeitung von Bauvorhaben des Harzer Talsperrensystems übertragen.

Die Mitwirkung beim Bau bedeutender Wasserbauwerke wie der Rappbodetalsperre, der Wendefurther Talsperre, weiterer Vorsperren, der Wippersperre, die ingenieurgeologische Beratung beim Bau des Pumpspeicherwerkes Hohenwarthe II und der Talsperre Pöhl erschlossen ihm ein reiches Aufgabenfeld, das seinen weiteren beruflichen Werdegang maßgeblich geprägt hat. Rastlos im Bemühen, ungelöste Probleme im Grenzbereich Technik und Geologie zu klären (erinnert sei an seine frühen Arbeiten zur geologischen Interpretation von Wasserdurchlässigkeitsprüfungen und Injektionsarbeiten bei der Anlage von Dichtungsschleiern), erzielte er bemerkenswerte Ergebnisse. Sie waren Anlaß für ehrenvolle Berufungen in die Talsperren-Kommission und später im Zusammenhang mit der Bearbeitung der Senkungsvorgänge in der Mansfelder Mulde in die Auslaugungs-Kommission. 1958 schloß er seine Promotion mit der Arbeit zur Stratigraphie des Unter- und Mitteldevons südlich des Elbingeröder Komplexes im Harz als Dr. rer. nat. am Geologischen Institut der Martin-Luther-Universität Halle ab.

1960 übernahm er nach zweijähriger Tätigkeit als Chefgeologe und Leiter des Geologischen Dienstes Jena die Arbeitsgruppe Ingenieurgeologie des Zentralen Geologischen Institutes, Berlin. Hier wandte er sich sehr erfolgreich der Methodik der ingenieurgeologischen Kartierung und der Herausgabe eines beachtlichen ingenieurgeologischen Kartenwerkes zu. Seine Arbeiten auf dem Gebiet der Erforschung der Auswirkung von Lösungsprozessen im Chlorid- und Sulfatkarst auf Bauwerke und bergbauliche Einrichtungen wurde 1964 mit der Verleihung des Kurt-Pietzsch-Preises der Gesellschaft für Geologische Wissenschaften geehrt. Seine Erfahrungen als Ingenieurgeologe waren auch im Ausland gefragt (Ägypten 1966, Mongolei 1967).

Zur vollen Entfaltung kam sein Wirken nach der Berufung an die Bergakademie Freiberg ab 1. 9. 1967 als nebenamtlicher, ab 1. 1. 1968 als hauptamtlicher und ab 1. 9. 1969 als ordentlicher Professor für Ingenieurgeologie. An der Bildung und Profilierung der neuen Fachrichtung Geotechnik war er maßgeblich beteiligt. Die Wissenschaftsentwicklung hat seine Auffassung einer geotechnischen Ausbildung voll bestätigt. Er war viele Jahre Fachrichtungsleiter und zwischen 1972 und 1976 stellvertretender Sektionsdirektor. Sein Herz für Studenten offenbarte sich zum Beispiel in einer nimmermüden Teilnahme an Exkursionen oder in der zwei Jahrzehnte langen Unterstützung und fachlichen Anleitung des Studentenzirkels Speläologie. Zahlreiche junge Fachleute des In- und Auslandes (UdSSR, Polen, ČSFR, Vietnam, Syrien, Bulgarien) weilten zu Weiterbildung und Erfahrungsaustausch in seinem Wissenschaftsbereich. Die Forschungsergebnisse in der Injektionstechnik, zur Abdichtung von Salzlösungszuflüssen, zur Strukturforschung in überkonsolidierten Lockergesteinen und zur Senkungs-/Erdfallproblematik begründen den wissenschaftlichen Ruf des von ihm geleiteten Bereiches.

1978 habilitierte er sich mit einem Thema der Erkundung von Auslaugungsgebieten zum Dr. sc. techn. an der Bergakademie Freiberg.

Prof. Reuter kann auf über 200 wissenschaftliche Veröffentlichungen in Fachzeitschriften verweisen. Mit der Herausgabe von vier Fachbüchern (das Lehrbuch „Ingenieurgeologie" erschien als Lizenz in der BRD und in russischer Übersetzung) schloß er für Studierende und in der Praxis tätige Fachleute eine Lücke im ingenieurgeologischen Schrifttum. Auch als Mitglied des Redaktionsbeirates der Zeitschrift „Neue Bergbautechnik" und des Vorstandes Ingenieurgeologie in der Gesellschaft für Geologische Wissenschaften mit den alljährlich stattfindenden Tagungen fühlte er sich stets der wissenschaftlichen Öffentlichkeitsarbeit verpflichtet.

Vieles wäre dem noch hinzuzufügen. Wir wünschen Fritz Reuter viele Jahre voller Gesundheit und bewährter Schaffenskraft.

Herward Molek

Bezugsmöglichkeiten der „Zeitschrift für angewandte Geologie"
Bestellungen sind zu richten
— **in der DDR** an den Postzeitungsvertrieb unter Angabe der Kundennummer des Bestellenden oder an den Akademie-Verlag Berlin, Leipziger Straße 3–4, DDR-1086 Berlin;
— **in der BRD und Berlin (West)** an eine Buchhandlung oder an die Auslieferungsstelle KUNST und WISSEN, Erich Bieber GmbH, ein Unternehmen der Faxon-Gruppe, Postfach 102844, D-7000 Stuttgart 10;
— **in den übrigen Ländern** an den internationalen Buch- und Zeitschriftenhandel bzw. an die Auslieferungsstelle KUNST UND WISSEN, Erich Bieber GmbH, ein Unternehmen der Faxon-Gruppe, Stampfenbachstr. 73, Postfach, CH-8035 Zürich, an den zuständigen Postzeitungsvertrieb des Landes bzw. an den AKADEMIE-VERLAG BERLIN, Leipziger Str. 3–4, DDR-1086 Berlin.

Zeitschrift für angewandte Geologie
Herausgeber: Gesellschaft für Umwelt- und Wirtschaftsgeologie mbH Berlin i. G.
Chefredakteur: Doz. Dr. sc. Bernd Kölbel; Fernruf: 2363997; Verantw. Redakteurin: Dipl.-Geoln. Andrea Sobe; Redakteure: Dipl.-Geol. Berthold Dorn, Dipl.-Min. Anne Krüger.
Anschrift der Redaktion: Kastanienallee 69, DDR-1054 Berlin; Fernruf: 2806334.
Verlag: Akademie-Verlag Berlin, Leipziger Straße 3–4, DDR-1086 Berlin; Stellv. Cheflektor Zeitschriften: Armin Beck. Fernruf: 2236201 oder 2236229; Telex-Nr.: 114420; Bank: Deutsche Bank, Berlin, Kto.-Nr. 6836-26-20712.
Veröffentlicht unter der Registriernummer 1279.
Gesamtherstellung: Maxim Gorki-Druck GmbH, 7400 Altenburg.
Erscheinungsweise: Die Zeitschrift erscheint jährlich in einem Band zu 12 Heften. Bezugspreis je Band 204,– DM zuzüglich Versandspesen. Bezugspreis je Heft 17,– DM. Der gültige Jahresbezugspreis für die DDR ist der Postzeitungsliste zu entnehmen.
Bestellnummer dieses Heftes: 1047/36/9.

AN (EDV) 46337
00650

FSC
www.fsc.org
MIX
Papier | Fördert gute Waldnutzung
FSC® C083411

Zeitfracht Medien GmbH
Ferdinand-Jühlke-Straße 7
99095 Erfurt, Deutschland
produktsicherheit@kolibri360.de